高等职业教育"互联网+"土建系列教材

工程造价专业

# 建筑工程建模技术

主　编　陈红杰　张兰兰

副主编　赵盈盈　刘亚楠

JIANZHU GONGCHENG
JIANMO JISHU

南京大学出版社

高等职业教育"互联网＋"工程造价专业系列教材

>>> **编委会** <<<

**主　任**　沈士德（江苏建筑职业技术学院）

**副主任**　郭起剑（江苏建筑职业技术学院）
　　　　　曹留峰（江苏工程职业技术学院）

**委　员**　（按姓氏笔画排序）
　　　　　刘如兵（泰州职业技术学院）
　　　　　吴书安（扬州市职业大学）
　　　　　张　军（扬州工业职业技术学院）
　　　　　张晓东（江苏城市职业学院）
　　　　　肖明和（济南工程职业技术学院）
　　　　　陈　炜（无锡城市职业技术学院）
　　　　　陈克森（山东水利职业学院）
　　　　　胥民尧（盐城工业职业技术学院）
　　　　　魏　静（江苏建筑职业技术学院）
　　　　　魏建军（常州工程职业技术学院）

《国家职业教育改革实施方案》中提出:"在职业院校、应用型本科高校启动'学历证书＋若干职业技能等级证书'制度试点(以下称1＋X证书制度试点)工作。"从国家政策层面支持1＋X证书制度。紧接着教育部等四部门发布《关于在院校实施"学历证书＋若干职业技能等级证书"制度试点方案》,首批启动5个职业技能领域试点,建筑信息模型(BIM)职业技能就是其中的一个试点领域。可见,BIM技能正在成为高职建筑类学生的必备技能,也突显出建筑业信息化的重要性和迫切性。

BIM技术是建筑业发展的前沿技术,为使高职学生更好地适应建筑业的发展,避免与行业、企业的需求脱节,很多高校都开设了与BIM相关的课程,或者将BIM相关的技术融入相应课程中。而BIM技术的核心是模型,有了三维信息模型才有后续的造价、物料跟踪、施工管理等方面的信息化。所以,模型是BIM技术应用的基础,而建模技能是模型应用的基础。因此,建模的能力是高职院校学生为建筑业提供信息化服务的基本能力。

目前,建筑行业应用较为广泛的BIM建模软件是欧特克公司出品的Revit软件,本书主要介绍Revit软件在房屋建筑中的建模操作及注意事项。以某学校实训基地实际项目为例,介绍Revit软件在结构建模(含钢筋建模)、建筑建模、建筑表现、族与体量等方面的建模思路及基本操作方法。全书配有全套工程图纸、教学视频和课后习题等资源,以二维码形式呈现,便于教师教学和学生学习。本书可作为建筑类专业建模技术的教材,也可以作为1＋X证书制度BIM方向的参考教材,亦可供相关建筑从业人员、BIM爱好者作为学习及参考用书。

模块一、模块三中门窗族、楼梯、幕墙由江苏建筑职业技术学院刘亚楠老师编写,模块三中建筑墙、建筑柱、零星构件由江苏建筑职业技术学院赵盈盈老师编写,模块三中楼板、屋顶由江苏建筑职业技术学院张兰兰老师编写,模块二、模块四、模块五、模块六为江苏建筑职业技术学院陈红杰老师编写。配套的视频教学资源主要由陈红杰、赵盈盈、刘亚楠老师录制并整理。

本书在编写过程中参考了大量相关教材和标准规范,未在书中一一注明出处,在此对有关文献和资料的作者一并致谢!

由于编者水平有限,本书难免出现疏漏和不妥之处,恳请读者批评指正。

**编 者**
**2020年6月**

# 目 录

扫码下载本书案例图纸

# 模块 1　Revit 基础知识

## 1.1　Revit 界面介绍

### 1.1.1　Revit 简介

Revit 系列软件是由 Autodesk 公司针对建筑设计行业开发的三维参数化设计软件平台。自 2004 年进入中国以来,它已经成为最流行的 BIM 创建工具,越来越多的设计企业、工程公司使用它完成三维设计工作和 BIM 模型创建工作。

Revit 是专为建筑行业开发的模型和信息管理平台,它支持建筑项目所需的模型、设计、图纸和明细表。并可以在模型中记录材料的数量、施工阶段、造价等工程信息。

在 Revit 项目中,所有图纸、二维视图和三维视图以及明细表都是同一个基本建筑模型数据库的表现形式。Revit 的参数化修改引擎可自动协调在任何位置(模型视图、图纸、明细表、剖面和平面中)进行修改。

### 1.1.2　基本术语

Revit 软件中重要的概念和术语,包括:项目、类别、族、类型、实例。

**项目:**在 Revit 中,可以简单地将项目理解为 Revit 的默认存档格式文件。该文件中包含了工程所有的模型信息和其他工程信息,如材质、造价、数量等,还可以包括设计中生成的各种图纸和视图。项目以.rvt 的数据格式保存。

**类别:**与 AutoCAD 不同,Revit 不提供图层的概念。Revit 中的轴网、墙、尺寸标注、文字注释等对象以对象类别的方式进行自动归类和管理。Revit 通过对象类别进行细分管理。例如:模型图元类别包括墙、楼梯、楼板等;注释类别包括门窗标记、尺寸标记、轴网、文字等。

**族:**Revit 的项目是由墙、门、窗、楼板等一系列基本对象"堆积"而成,这些基本的零件称之为图元。族是 Revit 项目的基础。Revit 的任何单一图元都由某一个特定族产生。例如:一扇门、一面墙、一个尺寸标注、一个图框。由一个族产生的各图元均具有相似的属性或参数。族分为可载入族、系统族、内建族。

**类型:**每一个族都可以拥有多个类型。类型可以是族的特定尺寸,例如 $300 \times 400$ 或 D500 标题栏。类型也可以是样式,例如尺寸标注的默认对齐样式或默认角度样式。

类别、族和类型三者之间的区别与联系如图 1-1-1 所示。

**实例:**放置在项目中的实际项(单个图元),它们在建筑(模型实例)或图纸(注释实例)中都有特定的位置。

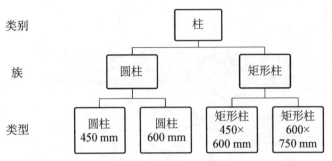

图1-1-1 类别、族和类型三者之间的区别与联系

上述五个属于的语义范围如下图1-1-2所示：

### 1.1.3 图元行为

在Revit中通过在设计过程中添加图元来创建建筑,Revit的图元分为：

图1-1-2 Revit术语范围的关系

**主体图元:** 可以在模型中承纳其他模型图元对象的模型图元, 代表着建筑物中建造在主体结构中的构件。如:墙、楼板、屋顶、天花板、场地、楼梯、坡道等。

**构件图元:** 一般在模型中不能够独立存在,必须依附主体图元才可以存在。如:门、窗、家具、植物等三维模型构建。

**注释图元:** 属于二维图元,它保持一定的图纸比例,只出现在二维的特定视图中。如:尺寸标注、文字注释、标记和符号等。

**基准面图元:** 属于建立项目场景的非物理项。如:标高、轴网、参照平面等。

**视图图元:** 是模型图元的图形表达,它向用户提供了直接观察建筑信息模型与模型互动的手段。视图专有图元决定了对模型的观察方式以及不同图元的表现方法。如:楼层平面、天花板平面、三维视图、立面图、剖面图等。

### 1.1.4 Revit软件的应用特点

首先要建立三维设计和建筑信息模型的概念,创建的模型具有现实意义:比如创建墙体模型,它不仅有高度的三维模型,而且具有构造层,有内外墙的差异,有材料特性、时间及阶段信息等,所以,创建模型时,这些都需要根据项目应用需要加以考虑。

关联和关系的特性:平立剖图纸与模型,明细表的实时关联,即一处修改,处处修改的特性;墙和门窗的依附关系,墙能附着于屋顶楼板等主体的特性;栏杆能指定坡道楼梯为主体、尺寸、注释和对象的关联关系等。

参数化设计的特点:通过类型参数、实例参数、共享参数等对构件的尺寸、材质、可见性、项目信息等属性的控制。不仅是建筑构件的参数化,而且可以通过设定约束条件实现标准化设计,如整栋建筑单体的参数化、工艺流程的参数化、标准厂房的参数化设计。

设置限制性条件,即约束:如设置构件与构件、构件与轴线的位置关系,设定调整变化时的相对位置变化的规律。

协同设计的工作模式:工作集(在同一个文件模型上协同)和链接文件管理(在不同文件模型上协同)。

阶段的应用引入了时间的概念,实现四维的设计施工建造管理的相关应用。阶段设置可以和项目工程进度相关联。

实时统计工程量的特性,可以根据阶段的不同,按照工程进度的不同阶段分期统计工程量。

### 1.1.5　Revit 常用文件格式

.rvt:项目文件格式

.rte:项目样板文件格式

.rfa:外部族文件格式

.rft:外部族样板文件格式

### 1.1.6　界面介绍

#### 1. Revit 的启动

双击"![icon]"启动 revit 软件,进入如下启动界面(图 1 - 1 - 3)。在项目列可以打开或新建一个项目,在族列可以打开或新建一个族。

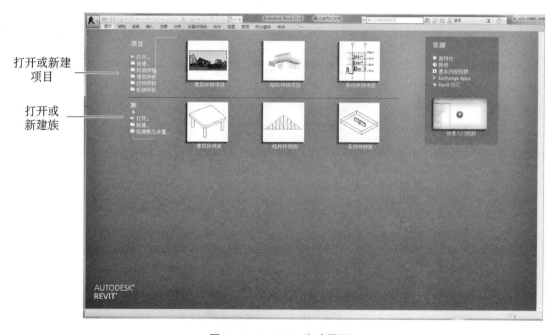

打开或新建
项目

打开或
新建族

**图 1 - 1 - 3　Revit 启动界面**

打开一个项目,界面如图所示:

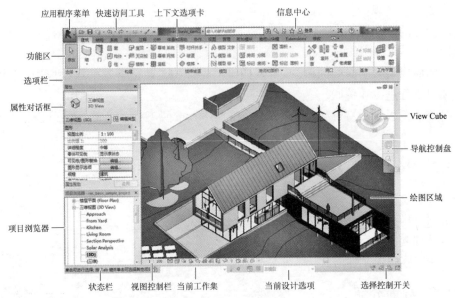

图 1-1-4　Revit 界面

## 2. 应用程序菜单

应用程序菜单提供了新建、打开、保存、另存为、导出、发布、打印、关闭等操作。

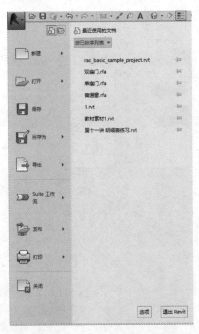

图 1-1-5　应用程序菜单

其中"关闭"是用来关闭掉当前已打开的文件,但不关闭 revit 软件;而"退出 Revit"是直接关闭 revit 软件。

选项对话框提供了常规、用户界面、图形、文件位置、渲染、检查拼写、SteeringWheels、ViewCube、宏等标签用来对 Revit 软件进行系统设置。

### 3. 快速访问工具栏

快速访问工具栏给用户提供了一组常用工具(图 1-1-6),可以自定义。单击快速访问工具栏后的向下箭头将弹出下列工具(图 1-1-7),若要向快速访问工具栏中添加功能区的按钮,在功能区中单击鼠标右键,然后单击"添加到快速访问工具栏"(图 1-1-8)。按钮会添加到快速访问工具栏中默认命令的右侧。

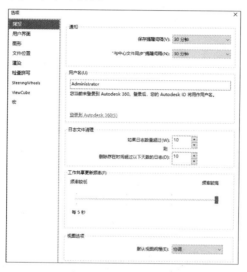

图 1-1-6　选项对话框

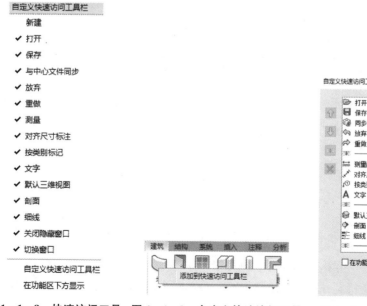

图 1-1-7　快速访问工具栏

图 1-1-8　快速访问工具
　　　　　栏下拉工具

图 1-1-9　自定义快速访问工具

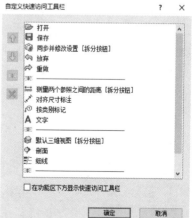

图 1-1-10　快速访问工具栏的编辑

可以对快速访问工具栏中的命令进行向上/向下移动命令、添加分隔符、删除命令编辑。如图 1-1-9、1-1-10 所示。

### 4. 信息中心

信息中心提供了检索框、登录按钮、Exchange App 等功能。

图 1-1-11 信息中心

### 5. 功能区选项卡

创建或打开文件时，功能区会显示。它提供创建项目或族所需的全部工具。

Revit 提供了建筑、结构、系统、插入、注释、分析、体量和场地、协作、视图、管理、附加模块、修改等选项卡，如图 1-1-12 所示。

图 1-1-12 功能区选项卡

插入：用于添加和管理次级项目（如光栅图像和 CAD 文件）的工具。

注释：用于将二维信息添加到设计中的工具，如尺寸、标高等等。

修改：用于编辑现有图元、数据和系统的工具，如对齐、偏移、剪切等等。

分析：用于对当前模型运行分析的补充工具，如荷载、边界条件、支座检查等等。视图的工具，这当中也包含图纸、图例。

建筑和场地：建筑和场地专有的工具，可以进行简单的建筑构件布置。

协作：工作集以及碰撞检查。

视图：用于管理和修改当前视图以及切换

管理：项目和系统参数，以及设置。

附加模块：只有在安装第三方工具后，才能显示"附加模块"选项卡（插件）

### 6. 上下文功能区选项卡

激活某些工具或者选择图元时，会自动增加并切换到一个"上下文功能区选项卡"，其中包含一组只与该工具或图元的上下文相关的工具，如图 1-1-13 所示。

例如：单击"墙"工具时，将显示"修改/放置墙"的上下文选项卡

图 1-1-13 上下文选项卡

图 1-1-14 选项卡不同
界面切换

单击选项卡最右侧按钮，可以实现最小化为选项卡、最小化为面板标题、最小化为面板按钮三种不同的界面切换，如图 1-1-14 所示。

### 7. 选项栏

默认位于在功能区下方，用于执行当前正在执行的操作的细

节设置:其内容因当前所执行的工具或所选图元的不同而不同。

　　例如:单击"墙"工具时,将显示放置墙选项栏,如图 1-1-15 所示。

图 1-1-15　选项栏

### 8. 属性对话框

属性对话框可以查看和修改所选对象的实例参数和类型参数,如图 1-1-16 所示。

图 1-1-16　属性对话框

　　属性对话框的打开方式有多种,常见的打开方式有:绘图区空白区右键单击选择属性或者修改选项卡下单击属性面板上的属性命令。

### 9. 项目浏览器

　　项目浏览器用于组织和管理当前项目中包括的所有信息,按层次关系组织项目资源,比如:所有视图、明细表、图纸、族、组、链接模型资源等,如图 1-1-17 所示。

图 1-1-17　项目浏览器

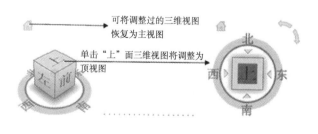

图 1-1-18　ViewCube

#### 10. ViewCube

ViewCube可以用来旋转或重新定向视图。如图1-1-18所示,三维视图下,Shift+鼠标中键可任意角度观察模型。

#### 11. 导航栏

导航栏提供了六种控制盘模式和放大、缩小、缩放匹配等功能。缩放全部以匹配可用在找不到图纸或模型的情况下点击此命令,会显示项目中所有内容。滚用鼠标中键可对模型进行放大或缩小。

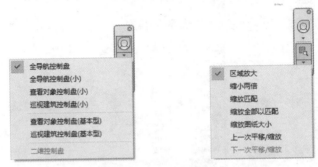

图1-1-19　导航栏

#### 12. 绘图区

绘图区有四个立面符号,分别为东、西、南、北四个立面,对应项目浏览器中的立面,东、西、南、北四个方位分别为"上北,下南,左西,右东",用于模型的创建。

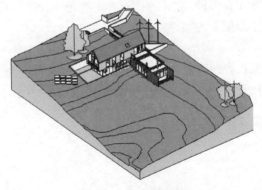

图1-1-20　绘图区

#### 13. 状态栏

使用某一工具时,状态栏会提供一些技巧或提示,告诉用户做些什么。高亮显示图元或构件时,状态栏会显示族和类型的名称,如图1-1-21所示。

单击可进行选择; 按 Tab 键并单击可选择其他项目; 按 Ctrl 键并单击可将新项目滚

图1-1-21　状态栏

#### 14. 视图控制栏

1:100

图1-1-22　视图控制栏

比例:视图比例用于控制模型尺寸与当前视图显示之前的关系。

详细程度:Revit 提供了三种视图详细程度:粗略、中等、精细。

视觉样式:单击可选择"线框"、"隐藏线"、"着色"、"一致的颜色"、"真实"、"光线追踪"6 种模式。显示效果逐渐增强,但所需要系统资源也越来越大。

打开/关闭日光路径:增强模型的表现力,在日光路径里面按钮中,还可以对日光进行详细设置。

打开/关闭阴影:增强模型的表现力。

显示/隐藏渲染对话框:仅三维视图才可使用。

裁剪视图/不裁剪视图:裁剪后,裁剪框外的图元不显示。

显示/隐藏裁剪区域

解锁/锁定的三维视图:仅三维视图才可使用。

临时隐藏/隔离:所谓临时隐藏图元是指当关闭项目后,重新打开项目时被隐藏的图元将恢复显示。视图中临时隐藏或隔离图元后,视图周边将显示蓝色边框。

显示/关闭"隐藏的图元"

临时视图属性

分析模型的可见性

高亮显示位移集

显示约束

### 15. 当前工作集、当前设计选项

工作集:提供对工作共享项目的"工作集"对话框的快速访问,如图 1 - 1 - 23 所示。

设计选项:提供对"设计选项"对话框的快速访问。

选择控制开关:用于优化在视图中选定的图元类别。

**图 1 - 1 - 23　当前工作集和当前设计选项**

## 1.1.7　图元基本命令

### 1. 图元选择

(1)点选

点击要选择的图元。选择多个图元时,按住"Ctrl"键,光标逐个点击要选择的图元。按住"Shift"键,光标点击已选择的图元,可以将该图元从选择集中删除。

(2)框选

按住鼠标左键,从左向右拖曳光标,则选中整个位于矩形范围内的图元;按住鼠标左键,从右向左拖曳光标,则选中矩形范围内涉及的所有图元。按住"Ctrl"键,可以继续用框选或其他方式选择图元。按住"Shift"键,可以用框选或其他方式将该选择的图元从选择集中删除。

(3)预选

用"Tab"键可快速选择相连的一组图元:移动光标到想要选择的图元附近,当图元高亮显示时,按"Tab"键,相连的这组图元会轮流高亮显示,当想要选择的图元被高亮显示时(状态栏提示被选中图元),单击鼠标左键,就选中了这一图元。

（4）图元过滤

使用过滤器可按类别选择图元并对选中的图元计数。当选择了绘图区域的多种类别图元时，功能区中的"修改选择多个"选项卡被激活，打开"过滤器"对话框，通过单击"选择全部"或"放弃全部"、清除或选中类别框来指定要在选择中包含的图元类别，如图1-1-24所示。

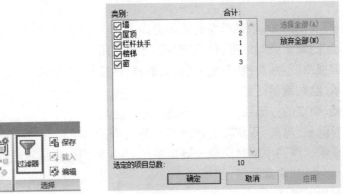

图 1-1-24　过滤器

## 2. 图元编辑

（1）图元属性

选中图元后，该图元的属性对话框被激活，通过修改"属性"中的参数编辑图元。

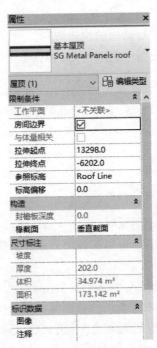

图 1-1-25　图元的属性对话框

（2）专用编辑命令

某些图元被选中时，选项栏会出现专用的编辑命令按钮，用以编辑该图元。

（3）端点编辑

图元被选中后,在图元的两端或其他位置会出现蓝色的操作控制柄,通过拖曳来编辑图元。例如:绘制一面墙,如图 1-1-26 所示。

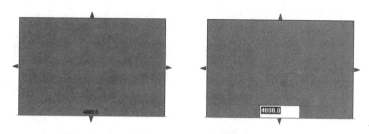

图 1-1-26  端点编辑

（4）临时尺寸编辑

选择图元时会出现临时尺寸,可以修改图元的位置、长度和尺寸等。

（5）常用编辑命令

在功能区中的"修改"选项卡中提供了对齐、偏移、镜像、拆分、移动、复制、旋转、修剪/延伸为角、修剪/延伸单个图元、修剪/延伸多个图元、删除等常用编辑命令,如图 1-1-27 所示。

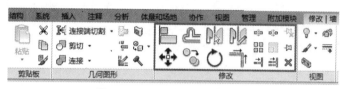

图 1-1-27  常用的编辑命令

### 3. 可见性控制

（1）可见性/图形

"视图"选项卡下选择"图形"面板上"可见性/图形"命令或快捷键"VV",打开"可见性/图形替换"对话框。

图 1-1-28  可见性

"可见性/图形替换"对话框中分别按"模型类别"、"注释类别"、"分析模型类别"、"导入的类别"、"过滤器"等分类控制各种图元类别的可见性和线样式等。取消勾选图元类别前面的复选框即可关闭这一类型图元显示。

（2）临时隐藏/隔离

单击"视图控制栏"的"临时隐藏/隔离"按钮，其列表中有以下指令：

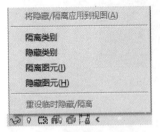

图 1-1-29 临时隐藏/隔离

**隔离类别**：在当前视图中只显示与被选中图元相同类别的所有图元，隐藏不同类别的其他所有图元。

**隐藏类别**：在当前视图中隐藏与被选中图元相同类别的所有图元。

**隔离图元**：在当前视图中只显示被选中的图元，隐藏该图元以外所有对象。

**隐藏图元**：在当前视图中隐藏被选中的图元。重设临时隐藏隔离：恢复是示所有图元。

（3）视图范围

在楼层平面的属性对话框中，可通过编辑视图范围来控制楼层平面的剖面显示，如图1-1-30所示。

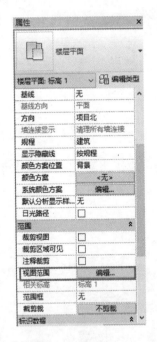

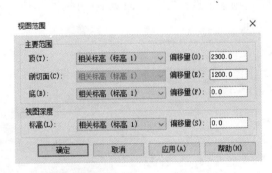

图 1-1-30 视图范围

"视图范围"对话框中包含"主要范围"中的"顶"、"剖切面"、"底"、和视图深度中的"标高"。

**顶**：设置主要范围的上边界高。根据标高和据此标高的偏移定义上边界。图元根据其对象样式的定义进行显示，高于偏移值的图元不显示。

**剖切面**：设置平面视图中图元的剖切高度，使低于该剖切面的构件以投影显示，而与该剖切面相交的其他构件显示为截面。显示为截面的建筑构件包括墙、屋顶、天花板、楼板和楼梯。剖切面不会截断构件（例如书桌、床）。

**底**:设置主要范围下边界的标高,如果将其设置为"标高之下",则必须制定"偏移量"的值,且必须将"视图深度"设置为低于该值的标高。

**标高**:"视图深度"是主要范围以外的附加平面,可以设置视图深度的标高,以显示位于底剪裁平面下面的图元。默认情况下,该标高与底部重合

# 1.2 标高和轴网

标高和轴网是建筑设计中重要的定位信息。Revit Architecture三维建筑设计中墙、门窗、梁柱、楼梯、楼板屋顶等大部分构件的定位都和两者有着密切的关系。标高用于反映建筑构件在高度方向上的定位情况,轴网用于反映建筑构件在平面上的定位情况。

标高用来定义楼层层高及生成平面视图,但不是必须作为楼层层高。轴网用于为构件定位。在Revit中轴网确定了一个不可见的工作平面。轴网编号及标高符号样式均可定制修改。Revit软件目前可以绘制弧形、直线轴网和折线轴网。通常绘图时先绘制标高后绘制轴网。

## 1.2.1 标高

### 1. 创建标高

在Revit Architecture中,"标高"命令必须在立面和剖面视图中才能使用,因此在创建标高前,必须事先打开一个立面视图。创建标高的方法有绘制标高、复制标高、阵列标高等。一般先绘制起始标高,而后用复制、阵列完成其他标高的绘制。

(1)绘制标高

新建一个建筑项目,在项目浏览器中切换至任一立面视图(如南立面)。立面视图中显示预设的标高,如图1-2-1所示。

图1-2-1 预设的标高

建筑选项卡下,选择"基准"面板上的"标高"命令,如图1-2-2所示,进入"修改|放置标高"的上下文选项卡,如图1-2-3所示,可在绘图区绘制标高。

图1-2-2 标高命令　　图1-2-3 修改|放置标高的上下文选项卡

在绘图区中捕捉到标头位置的对齐约束线(左侧虚线),然后输入临时尺寸,如4 000 mm,单击确定,作为绘制标高的起点。直到捕捉到另一侧标头的对齐约束线,单击确定标高终点,如图1-2-4、1-2-5所示。

图 1-2-4　绘制标高起点

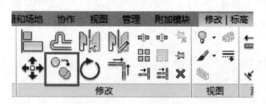

图 1-2-5　绘制标高终点

（2）复制标高

单击选择一条标高,在修改|标高上下文选项卡下,选择修改面板上的复制命令,然后在标高上任一点位置单击作为复制的基准点,勾选选项栏上的"约束"和"多个",把鼠标拖至上方尽可能远,输入 4 000 mm,按 Enter 生成 4 号标高,输入 5 000 m,按 Enter 生成 5 号标高,依次可以复制出多个标高。

图 1-2-6　复制命令

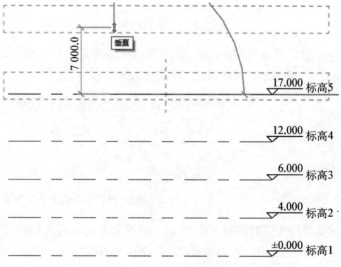

图 1-2-7　复制标高

（3）阵列标高

单击选择一条标高，在修改/标高上下文选项卡下，选择修改面板上的阵列命令，如图 1-2-8 所示，然后在标高上任一点位置单击作为阵列的基准点，接着在修改|标高选项栏上选择线性阵列，不勾选成组并关联，项目数输入任一数值如 4，移动到第二个，勾选约束，如图 1-2-9 所示，最后输入两根轴线间的距离如 3 000 m，按 Enter 键确定，阵列后的标高如图 1-2-10 所示。

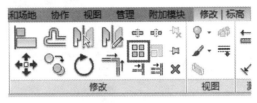

图 1-2-8　阵列命令

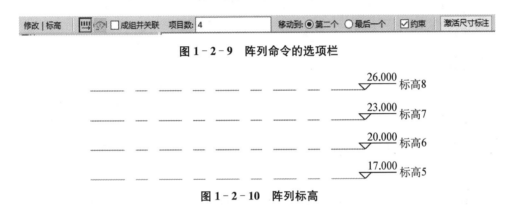

图 1-2-9　阵列命令的选项栏

| | 26.000 | 标高8 |
| | 23.000 | 标高7 |
| | 20.000 | 标高6 |
| | 17.000 | 标高5 |

图 1-2-10　阵列标高

绘制的标高标头为蓝色，绘制的同时会产生相应的平面视图。复制和阵列两种方式创建的标高标头为黑色，不会创建相应平面视图，需从视图选项卡下的平面视图中创建对应视图。

**2. 编辑标高**

标高的编辑操作包括隐藏|显示标头、标头对齐线、标头对齐锁、临时尺寸、添加弯头、3D/2D 切换等操作。

编辑标高

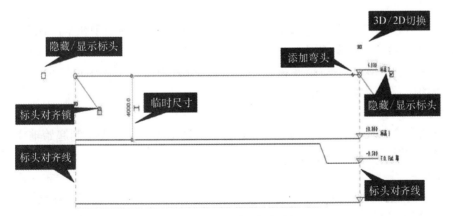

图 1-2-11　标高的编辑操作

### 3. 标高属性

（1）实例属性

选中一个标高此为一个实例,属性栏中的立面用于更改标高所处的高程;名称用于更改标高的标头编号;建筑楼层处打钩用于建筑标高;结构处打钩用于结构标高。

图 1-2-12　标高的实例属性

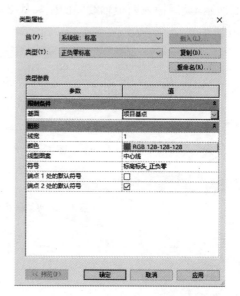

图 1-2-13　标高的类型属性

（2）类型属性

基面用于项目的高程参照,有项目基点、测量点两种。测量点是项目在世界坐标系中实际测量定位的参考坐标原点,一般可以理解为项目在城市坐标系统中的位置。项目基点是项目在用户坐标系中测量定位的相对参考坐标原点,需要根据项目特点确定此点的合理位置;

符号用于设置标高标头的类型;端点 1 处的默认符号用于显示和隐藏标高起点的标头;端点 2 处的默认符号用于显示和隐藏标高终点的标头。

## 1.2.2　轴网

标高创建完成以后,可以切至任何平面视图,创建和编辑轴网。轴网用于在平面视图中定位图元。与标高类似,在 Revit 中轴网为一组垂直于标高平面的垂直平面,且轴网具备楼层平面视图中的长度及立面视图中的高度属性,因此会在所有相关视图中生成轴网投影。轴网用于在平面视图中对项目图元进行定位。

### 1. 创建轴网

创建轴网的方法有绘制轴网、复制轴网、阵列轴网、拾取轴网等。一般先绘制起始轴线,而后用复制、阵列完成其他轴线的绘制。

（1）绘制轴网

新建一个建筑项目,在项目浏览器中切换至楼层平面下的标高 1 平面视图。在建筑选项卡下,选择基准面板上的轴网命令,在绘图区单击确定轴线起点,由上往下单击确定轴线终点,编号 1 的轴线如图 1-2-14 所示。

接下来绘制一条距离 1 号轴线 4 000 m 的 2 号轴线。调取轴线命令,鼠标箭头放置在 1 号轴线的对齐约束线上,移动鼠标至临时尺寸为 4 000 m 时,单击左键确定起点,按着 shift 键使轴线保持竖直(或水平),在 1 号轴线的终点对齐约束线处单击确定 2 号轴线终点,如图 1-2-15 所示。

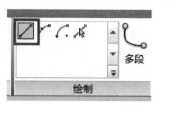

图 1-2-14　绘制 1 号轴线

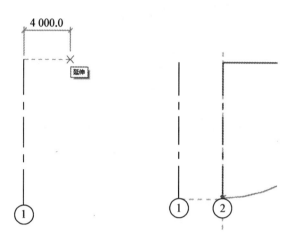

图 1-2-15　绘制 2 号轴线

(2) 复制轴网

单击选择一条轴线,在修改|轴网上下文选项卡下,选择修改面板上的复制命令,如图 1-2-16 所示,然后在轴线上任一点位置单击作为复制的基准点,勾选选项栏上的约束和多个,把鼠标拖至尽可能远,输入 4 000 m,按 Enter 生成 3 号线,输入 5 000 m,按 Enter 生成 4 号轴线,依次可以复制出多个轴线,如图 1-2-17 所示。

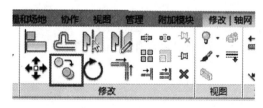

图 1-2-16　复制命令

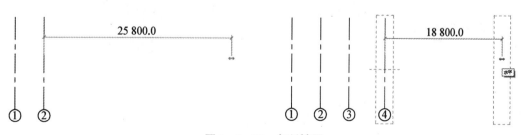

图 1-2-17　复制轴网

（3）阵列轴线

单击选择一条轴线，在修改|轴网上下文选项卡下，选择修改面板上的阵列命令，如图1-2-18所示，然后在轴线上任一点位置单击作为阵列的基准点，接着在修改|轴网选项栏上选择线性阵列，取消成组并关联，项目数输入任一数值如5，移动到第二个，勾选约束，如图1-2-19所示。最后输入两根轴线间的距离如4 000 m，按 Enter 键确定，如图1-2-20所示。

图1-2-18　阵列命令

图1-2-19　阵列命令的选项栏

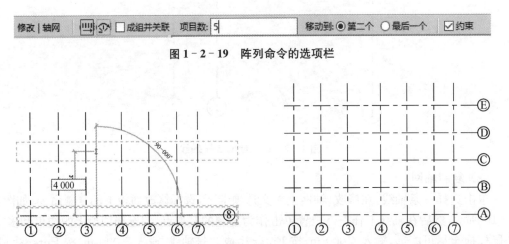

图1-2-20　阵列轴网

**2. 编辑轴网**

轴网的编辑操作与标高编辑操作类似，也包括隐藏/显示标头、标头对齐线、临时尺寸、添加弯头、3D/2D切换等操作，具体如图1-2-21所示。

编辑轴网

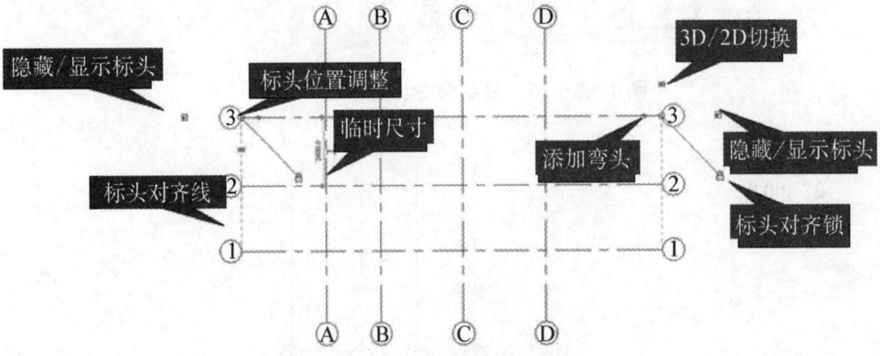

图1-2-21　轴网的编辑操作

**3. 轴网属性**

（1）实例属性

单击一条轴线，可以在实例属性的名称中更改该轴线的编号，如图 1-2-22 所示，或者直接单击编号进行编号名称的更改，如图 1-2-23 所示。

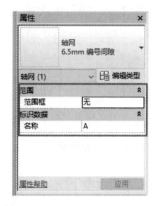

图 1-2-22　轴线的实例属性

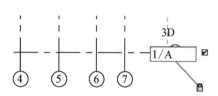

图 1-2-23　修改轴线名称

（2）类型属性

选中轴线，属性栏中选择"编辑类型"，进入类型属性对话框如图 1-2-24 所示。

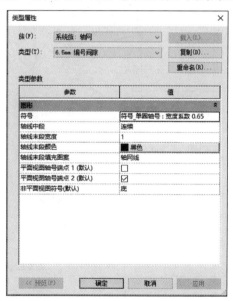

图 1-2-24　轴线的类型属性

符号用于设置轴线标头的类型；

轴线中段用于设置轴线中间的类型，有连续、无、自定义三种类型。当设置为自定义时，可以对轴线中段的宽度、颜色、填充图案进行单独设置；

平面视图轴号端点 1 用于显示和隐藏轴网起点的标头；

平面视图轴号端点 2 用于显示和隐藏轴网终点的标头；

非平面视图轴号用于在立面视图等非平面视图中轴网标头的显示和隐藏，有顶、底、两者、无四种设置。

**4. 轴网标注**

绘制轴网后,使用"对齐尺寸标注"功能,如图1-2-25所示,为各楼层平面视图中的轴网添加尺寸标注,为了美观,在标注之前,应对轴网的长度进行适当调整。

注释选项卡下,选择尺寸标注面板的对齐命令或使用快捷键"DI",依次单击需要标注的轴线,最后在空白处单击完成标注,如图1-2-26所示。

图1-2-25 对齐命令

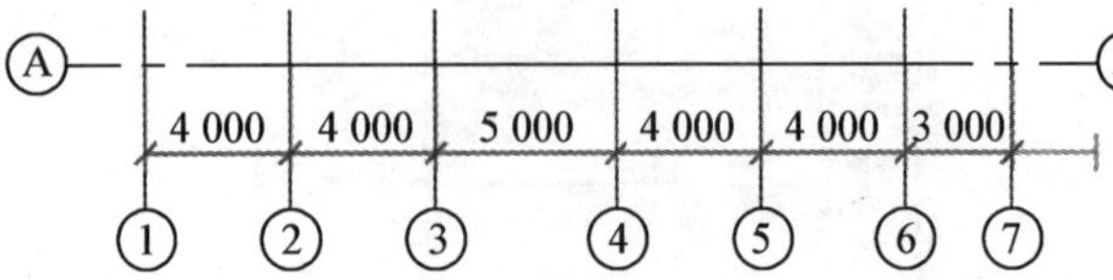

图1-2-26 对齐尺寸标注

**【例1-1】** 根据下图给定数据创建标高与轴网,显示方式参考下图。

例1-1

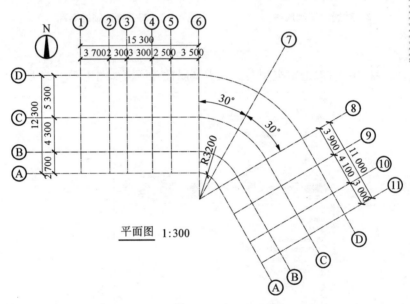

图1-2-27 平面图

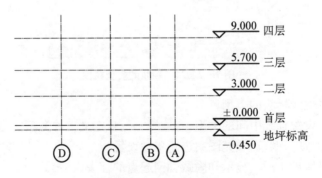

西立面图 1:300

图1-2-28 西立面图

【分析】 （1）标高的绘制。

（2）多段线绘制带弧线的轴线。

【建模步骤】 （1）建立标高

① 新建建筑样板。

② 绘制标高。

项目浏览器切换至西立面视图,选中标高1,修改其名称为首层,在"是否希望重命名相应视图?"中选中是。如图1-2-29所示,选中标高2,修改其高度为2.0,名称为二层。绘制第三条标高,修改其高度为5.7,名称为三层。绘制第四条标高,修改其高度为9.0、名称为四层。绘制第五条标高,属性对话框中选择下表头类型,修改其高度为-0.45、名称为地坪标高。

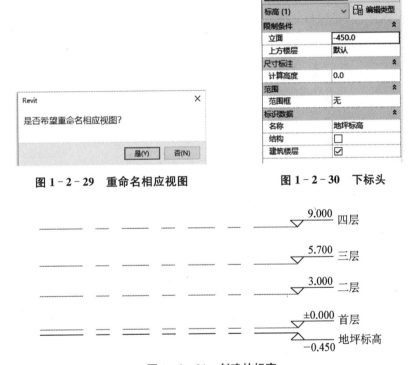

图 1-2-29　重命名相应视图　　　　图 1-2-30　下标头

图 1-2-31　创建的标高

（2）建立轴网

① 建立数字轴

切换至首层楼层平面视图,建筑选项卡下选择轴网命令,绘制轴线1。选中轴线1,修改|轴网上下文选项卡下选择复制命令,选项栏勾选约束和多个,如图1-2-32所示,在轴线1上任一位置单击作为复制的基准点,然后把鼠标向右拖至尽可能的远,输入3 700,按Enter键生成轴线2,输入2 300,按Enter键生成轴线

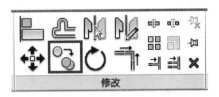

图 1-2-32　复制命令

3,输入 3 300,按 Enter 键生成轴线 4,输入 2 500,按 Enter 键生成轴线 5,输入 3 500,按 Enter 键生成轴线 6。如图 1-2-34 所示。

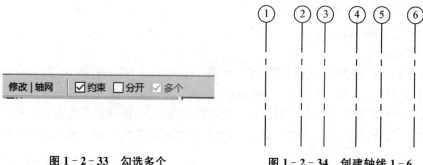

图 1-2-33　勾选多个　　　　　　图 1-2-34　创建轴线 1-6

　　建筑选项卡下选择轴网命令,绘制一条以轴线 6 的终点作为起点且与轴线 6 成 30°夹角的轴线 7。选择轴线 6,通过镜像—拾取轴的命令拾取轴线 7 生成轴线 8。选择轴线 8,通过复制的方式生成轴线 9、10、11,如图 1-2-35 所示。

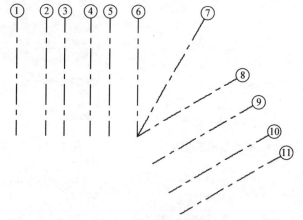

图 1-2-35　创建的标高轴线 7-11

（2）创建字母轴

① 选择参照平面命令,绘制图示的两条参照平面,如图 1-2-36 所示。

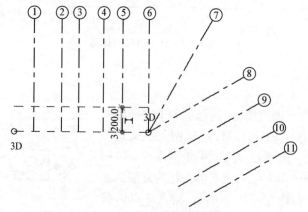

图 1-2-36　绘制参照平面

② "多段"命令绘制字母轴

选择轴网命令中的多段,如图 1-2-37 所示,采用直线和圆心—端点弧两种方式绘制出轴线 12,如图 1-2-38 所示,单击绿色√完成轴线 12 的绘制,并将其名称改为 A。如图 1-2-39 所示,同样的操作绘制处轴线 B、C、D,如图 1-2-40 所示。

图 1-2-37 多段命令

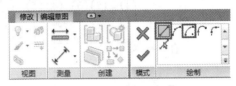

图 1-2-38 直线和圆心-端点弧两种方式

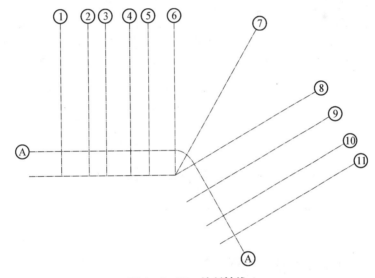

图 1-2-39 绘制轴线 A

同样的操作绘制处轴线 B、C、D。

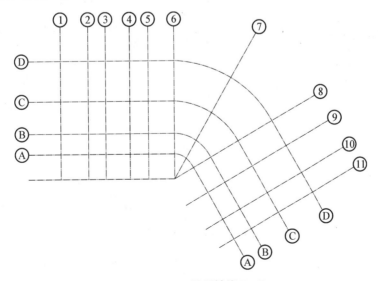

图 1-2-40 绘制轴线 B-D

（3）尺寸标注

删除两条参照平面。注释选项卡下选择"对齐"尺寸标注按图示对轴线进行距离标注，如图1-2-41所示。

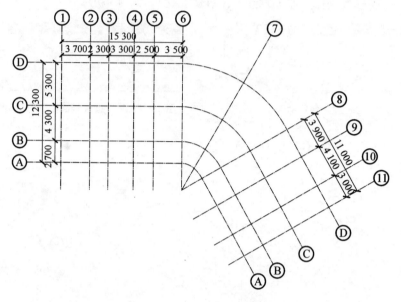

图1-2-41　对齐尺寸标注

注释选项卡下选择"角度"尺寸标注按图示对轴线6、7、8进行角度标注，如图1-2-42所示。

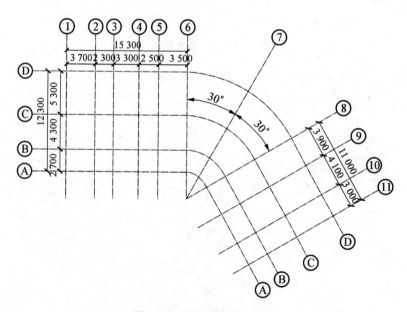

图1-2-42　角度尺寸标注

注释选项卡下选择径向尺寸标注按图示对轴线6、7、8的交点进行"径向"标注，如图1-2-43所示。

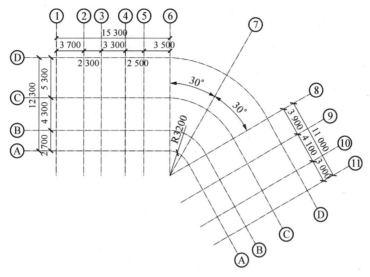

图 1-2-43 径向尺寸标注

（4）视图属性修改

在项目浏览器中按着 Ctrl 键选中所有的楼层平面视图（除场地外），右键单击打开应用视图样板对话框，如图 1-2-44 所示，将视图比例自定义为 1∶300，如图 1-2-45 所示。

图 1-2-44 应用视图样板

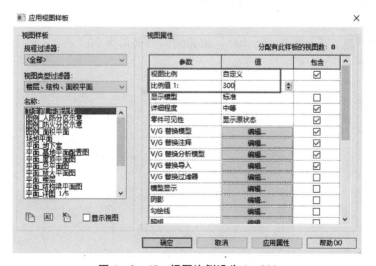

图 1-2-45 视图比例设为 1∶300

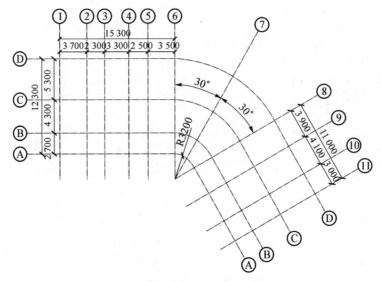

图 1-2-46 轴网

【例 1-2】 建立下图 1-2-47 所示的折线轴网。(Revit2019 中可绘制折线轴网)。

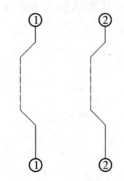

图 1-2-47 折线轴网

【建模步骤】 (1)选择"轴网"命令,选择"多段"

(2)按要求绘制折线轴网。

【例 1-3】 建立下图所示径向轴网,相邻轴网的夹角为 30°。

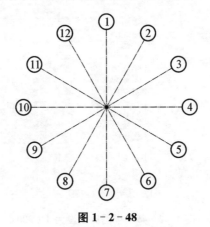

图 1-2-48

例 1-3

**【建模步骤】**（1）绘制一根轴网,修改属性。

（2）选择已绘制的轴网,选择"阵列"命令,选择"径向阵列"。

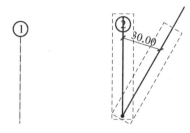

图 1-2-49　第一根轴圈 1-2-50　径向复制轴网

实训基地标高　　　　　实训基地轴网

模块 1 习题

# >>> 模块 2 结构建模及配筋 <<<

主要内容:以实训基地项目为例,建立基础层、一层的结构模型。介绍模型建立的顺序,基础、柱、梁、板、墙的定义及绘制。建筑构件与结构构件的区别,进行实际项目的结构建模和Revit 钢筋绘制。

## 2.1 结构基础

基础绘制

### 2.1.1 结构基础绘制

#### 1. 定义基础的准备工作

依据图纸,实训基地的基础有两种类型:独立基础和二柱基础。独立基础的尺寸如表2-1-1、图 2-1-1、图 2-1-2 所示:

表 2 - 1 - 1 J - 1 ~ J - 4 明细表

| J - X | bc | hc | L | B | h 1 | h 2 | As |
|-------|-----|-----|-------|-------|-----|-----|---------|
| J - 1 | 600 | 600 | 2 000 | 2 000 | 400 | 200 | C12@130 |
| J - 2 | 600 | 600 | 3 600 | 3 600 | 300 | 300 | C 12@140 |
| J - 3 | 600 | 600 | 4 600 | 4 600 | 500 | 300 | C 16@150 |
| J - 4 | 500 | 500 | 6 800 | 3 800 | 300 | 300 | C 12@150 |

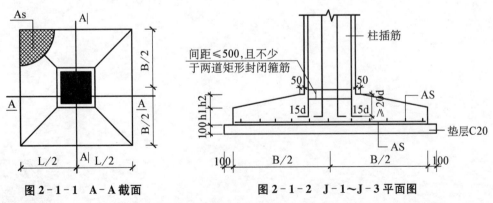

图 2 - 1 - 1 A - A 截面        图 2 - 1 - 2 J - 1 ~ J - 3 平面图

【分析】 ① 打开"结构"选项卡下基础命令,没有与项目相对应的独立基础,所以需要载入族。

② 打开"插入"选项卡下从库中载入按钮载入族,China 文件夹下,点击结构文件夹里面

的基础文件夹,选中独立基础-坡形截面,点击打开。

③ 打开结构选项卡下构件放置构件按钮,找到刚才载入的独立基础-坡形基础。

④ 点击编辑类型,查看坡形基础的参数。

> **注意**　① 由于载入的族中并不能直接将参数和模型对应起来,所以需要进入编辑族的界面,将参数和族的尺寸对应,以便正确地进行独立基础的定义。
>
> ② 先在项目中放置一个坡形基础,然后双击该构件,进入该基础的编辑界面,可以查看参数,如图 2-1-3 所示。

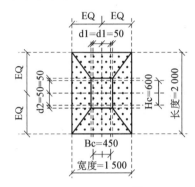

**图 2-1-3　坡形基础的参数**

族参数的对应关系如图 2-1-4 所示:长度、宽度对应独立基础的长和宽,Bc、Hc 对应独立基础上结构柱的宽度和高度,d1、d2 对应结构柱边缘距离独立基础上边缘的距离,h1 为独立基础底部矩形部分的高度,h2 为坡形部分的高度,基础厚度为 h1、h2 的总和,是个报告参数。

**2. 独立基础定义步骤**

(1) 选择"结构"选项卡下构件|放置构件,属性栏中找到载入的独立基础-坡形界面,编辑类型,复制,名称:J-1,如图 2-1-5。

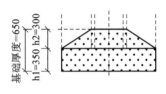

**图 2-1-4　坡形基础对应参数**

**图 2-1-5　J-1 定义**

（2）修改相应参数值：J-1：长度＝2 000、宽度＝2 000，Bc＝600、Hc＝600，h1＝400，h2＝200。如图 2-1-6 所示。

（3）同理，定义 J-2、J-3、J-4。

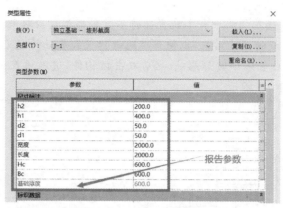

图 2-1-6　J-1 参数修改

### 3. 结构基础绘制

（1）图纸导入

① 在实训基地项目中，在项目浏览器中，打开"基础底标高"平面，如图 2-1-7 所示。

② 在"插入"选项卡下，选择"导入 CAD"，在文件夹中找到结构施工图/基础平面图，勾选"仅当前视图"，导入单位"毫米"，点击打开，如图 2-1-8 所示。

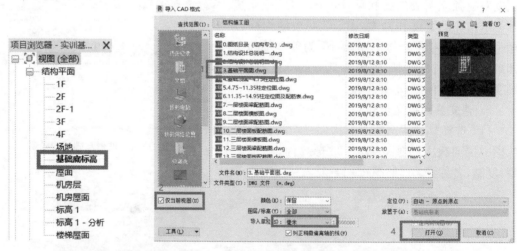

图 2-1-7　基础底标高平面　　　　　　　　图 2-1-8　导入图纸

③ 选中图纸并将图纸解锁，运用"对齐"（AL）命令，将 Revit 项目中的①轴与的图纸上的①轴对应，将项目中的 A 轴与图纸上的 A 轴对应。

④ 选中导入的图纸，跟轴网一样，作为模型的基准，需要锁定。

> **说明**　在建模过程中需要导入多张图纸，方法同"基础平面图"的导入，在下面的建模过程中不再赘述，以"导入××图"简述这一过程。

（2）绘制基础

将定义好 J-1、J-2、J-3 按照图纸所在平面位置进行放置。如图 2-1-9 所示：

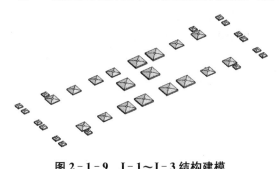

**图 2-1-9　J-1～J-3 结构建模**

> **注意**　其中 J-4 绘制方法如下：
> （1）由于 J-4 没有相应的族样板文件，需要重新建立 J-4 的族。
> （2）将 J-4 载入到实训基地项目中，软件操作为："插入"选项卡，"载入族"，选中 J-4。
> （3）选择"结构"选项卡下构件，"放置构件命令"，找到二柱基础，编辑类型，复制，名称：J-4。编辑类型，将 J-4 的结构材质为"混凝土—现场浇筑混凝土"，如图 2-1-10。

**图 2-1-10　J-4 参数设置**

J-4 绘制

（4）按图纸位置布置 J-4，三维视图如图 2-1-11 所示。

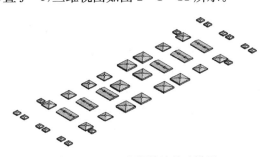

**图 2-1-11　实训基地基础模型**

### 2.1.2 结构基础配筋

实训基地项目钢筋保护层要求如表 2－1－2 所示。在对构件配置钢筋时，必须先设置保护层的厚度。由结构设计说明可知，基础迎水面保护层厚度为 50 mm。假设该项目的环境类别为一类环境，板、墙的保护层厚度为 15 mm，梁、柱的保护层厚度为 20 mm。

表 2－1－2　混凝土保护层厚度

| 环境类别 | 板、墙 | 梁、柱 |
|:---:|:---:|:---:|
| 一 | 15 | 20 |
| 二 a | 20 | 25 |
| 二 b | 25 | 35 |

#### 1. 构件保护层设置

① 设置保护层

选择结构选项卡下"钢筋"面板的下拉三角，点击"钢筋保护层设置"命令，如图 2－1－12 所示弹出"钢筋保护层设值"对话框。选择"基础有垫层"，点击"复制"，然后重命名为"板、墙"，设置为"15 mm"；同理，"复制"一个注明，重命名为"基础"，设值为"50 mm"；再次选择复制，重命名为"梁、柱"，设置为"20 mm"，如图 2－1－13 所示。

保护层设置

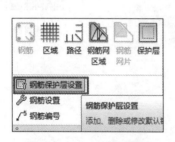

图 2－1－12　钢筋保护层

图 2－1－13　钢筋保护层设置

② 选择"保护层"命令，弹出如图 2－1－14 所示的界面。点击图中 ，拾"取图元命令"，然后框选整个模型；再点击 ，在"过滤器"对话框中勾选"结构基础"，点击确定。

③ 点击"保护层设置"后的下拉三角符号，选择"基础＜50 mm＞"，将途中选中的基础保护层厚度设为 50 mm。这样就完成了基础钢筋保护层的设置了，如图 2－1－15 所示。选择一个独立基础，属性栏中结构一栏里还可以分别设置基础顶面、底面、其他面的保护层厚度。

> **说明**　实训基地项目的梁、柱、板、墙的保护层厚度设置方法如基础保护层厚度的设置，下文不在说明这些构件的保护层设置方法。

图 2-1-14　构件选择

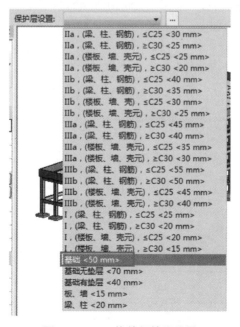

图 2-1-15　构件保护层设置

**2. 独立基础钢筋配置**

（1）配置 X 方向钢筋

① 打开基础底标高平面，以 1 轴和 A 轴交点处的 J-1 为例，配置 J-1 的钢筋。选择 J-1，做如图 2-1-16 所示的剖面 1。

② 选中"剖面 1"，右键，"转到视图"，选中 J-1 的剖面，弹出"钢筋"命令，如图 2-1-17 所示，进入"修改|放置钢筋"的上下文选项卡。选择"钢筋"，在属性栏中选择"钢筋 HRB335"，如图 2-1-18 所示；在钢筋形状浏览器中选择"钢筋形状：01 号"钢筋，如图 2-1-19 所示，先按默认设置，在基础底部放置钢筋，如图 2-1-20 所示。

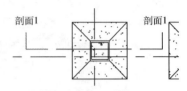

图 2-1-16　剖面 1

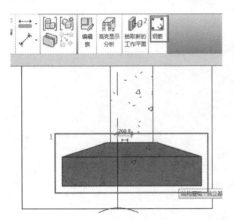

图 2-1-17　钢筋命令　　　图 2-1-18　钢筋类型选择　图 2-1-19　钢筋形状选择

③ 选中已放置的钢筋，修改"布局"为"间距数量"，"间距"为"130 mm"，数量可根据需要增减，修改"数量"为"15"，如图 2-1-21 所示。

> **注意**　若钢筋超出基础范围，则可以使用"移动"命令，将钢筋放置到合适位置，如图 2-1-21。

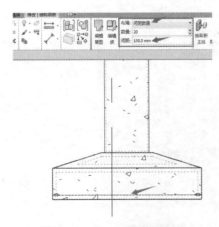

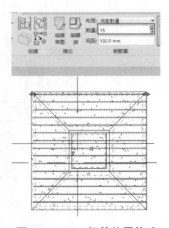

图 2-1-20　钢筋布局修改　　　　　图 2-1-21　钢筋位置修改

④ 钢筋三维的可见性设置。

打开三维视图,选择已经配置钢筋的 J-1,右键选择"替换视图中的图形"按"图元",如图 2-1-22 所示,弹出"视图专有类别图形",选择"曲面透明度",将透明度改为"40",点击"确定",如图 2-1-23 所示。

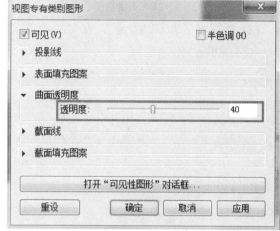

图 2-1-22　替换视图中的图形　　　　　　图 2-1-23　设置曲面透明度

选择三维视图 J-1 钢筋,右键"选择主体中的所有钢筋"选项,再选择属性栏中图形"视图可见性状态"后的"编辑",弹出"钢筋图元视图可见性状态",勾选三维视图后的"清晰的视图"和"作为实体查看"命令,如图 2-1-24 所示,点击确定。

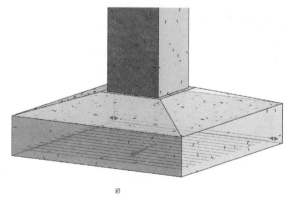

图 2-1-24　视图可见性状态编辑

然后将视觉控制栏中的"详细程度"调为"精细",视觉样式调为"真实",如图 2-1-25,钢筋三维显示如图 2-1-26。

图2-1-25 三维视图状态修改

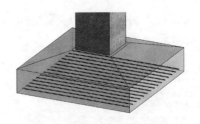

图2-1-26 X方向配筋

（2）按同样的步骤，配置 Y 方向的钢筋，剖面 2 及钢筋三维视图如图 2-1-27 和 2-1-28 所示。

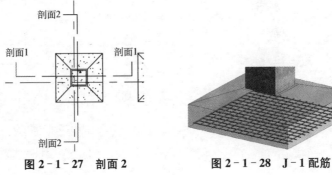

图2-1-27 剖面2

图2-1-28 J-1配筋

# 2.2 结构柱

## 2.2.1 结构柱

结构基础绘制完成后，绘制结构柱。

### 1. 结构柱定义

依据图纸，结构柱尺寸为 600×600。选择结构选项卡，选择"柱"下"混凝土—矩形—柱 300×450"，如图 2-2-1 所示。选择"编辑类型"，复制，600×600，修改 b=600，h=600，如图 2-2-2 所示。

图2-2-1 复制结构柱

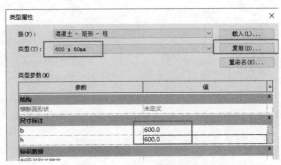

图2-2-2 修改柱参数

**2. 结构柱绘制**

定义 600×600 的机构柱后,进度"修改|放置 结构柱"界面,按默认"垂直柱"放置,如图 2-2-3。放置垂直柱,有两种方法布置。

结构柱绘制

图 2-2-3　修改|放置 结构柱

(1) 点布置

默认为点布置,直接在图纸上放置结构柱。

> **说明**　按点布置时,会弹出警告,"附着的结构基础将被移动到柱的底部"。这是因为之前已经放过独立基础,一旦有柱放到同一位置,基础则会自动附着到柱的底部,如图 2-2-4。

图 2-2-4　警告窗口

由于基础中心与轴线交点不重合,所以点布置方式不能一次准确布置结构柱,需要精确布置结构的平面位置。以 1 轴和 K 轴处的柱为例,如图 2-2-5 所示。

先(对齐尺寸标注)DI 进行尺寸标注,标注柱边至轴线的距离,如图 2-2-6 所示;选中结构柱,修改已经标注的尺寸,如图 2-2-7,这样就可以精确定位柱的平面位置。

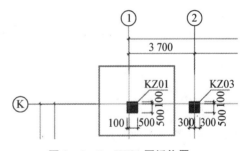

图 2-2-5　KZ01 图纸位置

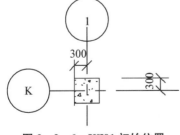

图 2-2-6　KZ01 初始位置

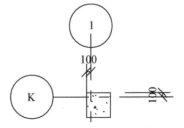

图 2-2-7　KZ01 精确位置

(2) 在轴网处布置

通常建筑的柱繁多,一个一个点布严重影响建模效率,可以采用一次布置多个的方式,即多个"在轴网处"布置,可以一次性布置所选中的轴网交点处的柱,如图 2-2-8。

**图 2-2-8　在轴网处布置结构柱**

以实训基地项目为例,本项目的结构柱尺寸都是 $600 \times 600$。可选择结构选项卡下,结构柱,在轴网处布置,快速布置完以后,删掉项目中不存在的柱。

使用"VV"快捷键,将"基础顶面～4.75 柱定位图"图纸显示,使模型柱与图纸柱位置对齐,可快速建立柱模型。模型如图 2-2-9。

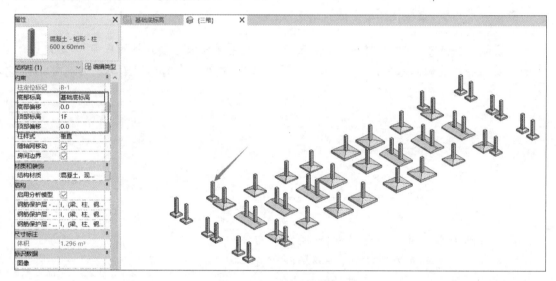

**图 2-2-9　基础柱模型**

### 3. 结构柱属性修改

结构柱的平面位置确定后,打开东立面,此时基础的位置与图纸标高不符,如图 2-2-10。需要通过修改柱的属性控制基础的标高。

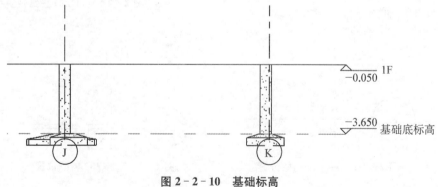

**图 2-2-10　基础标高**

打开基础底标高平面,使用过滤器选中所有的柱,修改底部偏移为 600。弹出警告"附着的结构基础将被移到柱的底部",点击确定,如图 2-2-11 所示。

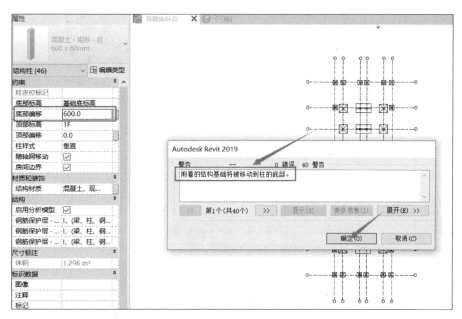

图 2 - 2 - 11　基础移动到柱底

此时,J-1、J-2、J-4 的标高正确,J-3 的标高不满足要求。但是在基础底标高平面上却看不到已经建好结构柱,这跟视图范围有关。解决方法如下:

① 修改结构平面属性中的视图范围,"编辑",在视图范围对话框中将剖切面:偏移改为 1 000,顶部偏移改为 1 000,如图 2 - 2 - 12 所示。将视觉样式改为"线框"模式,可以看清构件下面的图纸。

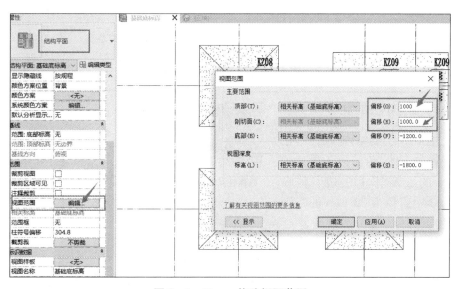

图 2 - 2 - 12　修改视图范围

② 使用"VV"快捷键,显示"基础平面图",选中所有 J-3 上的结构柱(按住键盘 Ctrl 键可以多选)。

③ 修改选中的结构柱属性栏中底部偏移为 800,如图 2 - 2 - 13 所示。

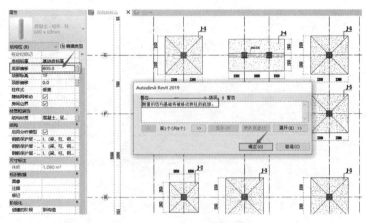

图 2-2-13　J-3 标高调整

此时,J-3 的标高满足图纸的要求,完整的基础模型以及修改后的基础标高如图 2-2-14 所示和图 2-2-15 所示。

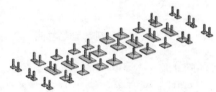

图 2-2-14　调整标高后结构柱模型

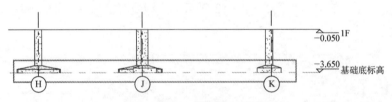

图 2-2-15　基础标高复核

## 2.2.2　结构柱配筋

以上述 J-1 上的结构柱为例,柱钢筋的配置如下图:角筋为 4 根直径为 25 mm 的二级钢,每一边其他纵向钢筋为 3 根直径为 22 mm 的二级钢,箍筋为直径为 8 mm 加密区为 90 mm 非加密区为 180 mm 的二级钢。

结构柱配筋

柱钢筋配置步骤:先布置纵筋,再布置箍筋;角筋,b 边一侧中部钢筋或 h 边一侧中部钢筋;最后布置箍筋。

### 1.　角筋

①　布置角筋

角筋为 4 根直径为 25 的二级钢。选择剖面 1,

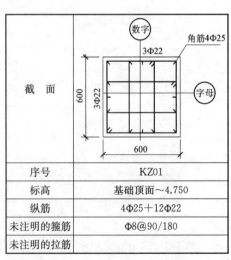

| 序号 | KZ01 |
| --- | --- |
| 标高 | 基础顶面~4.750 |
| 纵筋 | 4Φ25+12Φ22 |
| 未注明的箍筋 | Φ8@90/180 |
| 未注明的拉筋 | |

图 2-2-16　KZ01 图纸信息

转到视图。选择柱剖面,点击"钢筋"命令。左侧属性栏中选择"钢筋 25HRB335",如图 2-2-17 所示;右侧钢筋形状浏览器中选择"钢筋形状:01"的直筋,如图 2-2-18 所示。设置好之后,将钢筋放置到柱截面上,如图 2-2-19 所示。

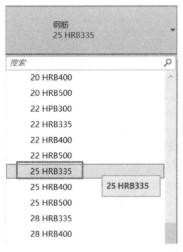  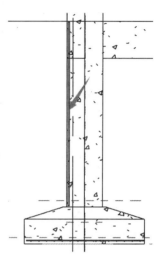

图 2-2-17　选择角筋型号　　　图 2-2-18　选择角筋形状　　　图 2-2-19　布置角筋

② 修改角筋

基础插筋底部要有弯折,所以需要修改直筋的形状。选中钢筋,点击"编辑草图",先将直筋向上拖拽至层高以上 500 mm 处,如图 2-2-20 所示;再将直筋向下拖拽至基础合适位置,选择直线命令向左弯折,最后点击绿色√,完成角筋形状的修改,如图 2-2-21 所示;打开三维视图,按前述方法调整构件及钢筋的可见性,钢筋三维视图如图 2-2-22 所示。

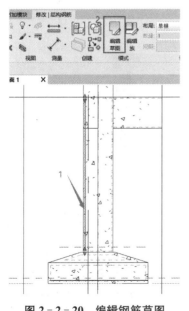 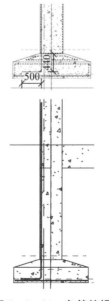 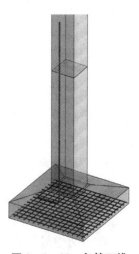

图 2-2-20　编辑钢筋草图　　　图 2-2-21　角筋编辑　　　图 2-2-22　角筋三维

③ 调整角筋位置

打开基础底标高平面,角筋在柱的中间,所以需要移动至柱角。选中钢筋,鼠标变为移动命令的符号,将钢筋拖拽至柱的角上。再选择旋转命令,将角筋旋转 45°,如图 2-2-23～2-2-25 所示。三维视图如图 2-2-26 所示。

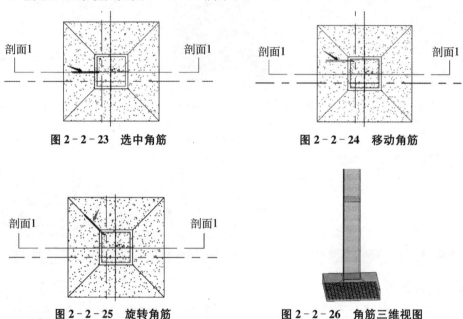

图 2-2-23 选中角筋　　　　　　　　图 2-2-24 移动角筋

图 2-2-25 旋转角筋　　　　　　　　图 2-2-26 角筋三维视图

④ 复制已经布置的角筋

打开基础底标高平面,选中钢筋,选择径向复制,如图 2-2-27 所示;三维视图如图 2-2-28 所示。

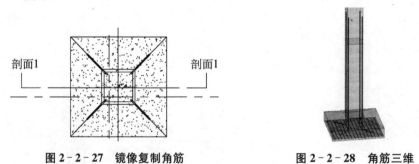

图 2-2-27 镜像复制角筋　　　　　　图 2-2-28 角筋三维

> **提示**　由于本书主要讲解软件操作技能,未按规范要求进行配筋,仅提供操作示例。

### 2. h 边一侧中部钢筋或 b 边一侧中部钢筋

① 布置 h 边一侧中部钢筋,属性栏选择"钢筋 22HRB335",布置方法同角筋布置①;

② 修改 h 边中部钢筋形状,方法同角筋布置②;选中布置的中部钢筋,将布局改为"间距数量",间距为"150 mm",数量为"3",如图 2-2-29 所示;再将将中间的钢筋与柱中线对齐,如图 2-2-30 所示。

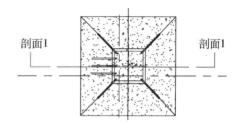

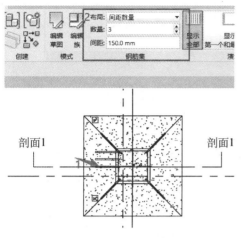

图 2-2-29　中部钢筋布局　　　　　　　图 2-2-30　中部钢筋对齐柱中心

③ 径向复制 h 边中部钢筋,如图 2-2-31 所示,方法同角筋布置④;布置的钢筋三维视图如图 2-2-32 所示。

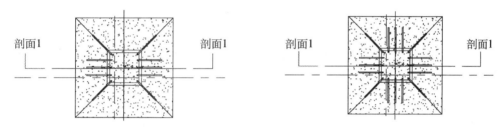

图 2-2-31　h 边中部钢筋布置

④ 旋转复制建立 b 边中部钢筋或重新建立 b 边一侧中部钢筋。

柱纵向钢筋三维布置图如下图

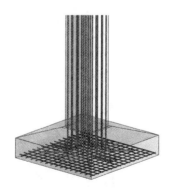

图 2-2-32　柱纵筋布置

### 3. 箍筋

① 打开剖面 1,选择柱截面,点击"钢筋",属性栏选择"钢筋 8HRB335",钢筋浏览器中选择"钢筋形状 33"号箍筋,放置方向选择"垂直于保护层"布置,如图 2-2-33 所示;将第一根箍筋布置到合适位置,如图 2-2-34 所示;箍筋的平面视图如图 2-2-35 所示。

图 2-2-33　垂直于保护层布置

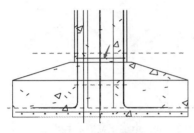

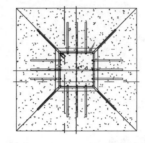

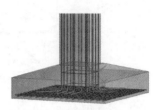

图 2-2-34　放置箍筋　　　图 2-2-35　箍筋平面视图　　　图 2-2-36　箍筋三维

② 布置基础内大箍筋。

选择布置的箍筋,将其移动到基础内,修改"布局"为"间距数量",间距为"350",数量为"2",布置的箍筋如图 2-2-36 所示。

③ 布置基础内小箍筋

打开剖面 1,选择柱截面,点击"钢筋"。同样属性栏选择"钢筋 8HRB335",钢筋浏览器中选择"钢筋形状 33"号箍筋,放置方向选择"垂直于保护层"布置。布置如下钢筋,选择钢筋,点击"编辑草图",将箍筋左右两边移动到如图 2-2-37 所示的位置,然后用剪切命令,剪切多余的钢筋长度,如图 2-2-38、2-2-39 所示。

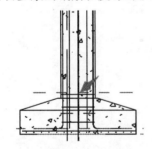

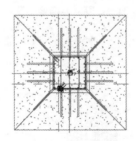

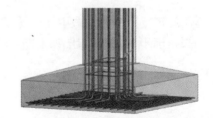

图 2-2-37　箍筋布置　　　图 2-2-38　修改箍筋尺寸　　　图 2-2-39　小箍筋三维

选择做好的小箍筋,然后进行旋转复制,如图 2-2-40、2-2-41 所示。

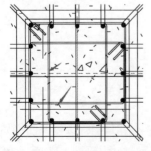

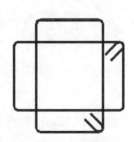

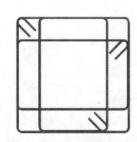

图 2-2-40　旋转复制小箍筋　　　图 2-2-41　小箍筋三维　　　图 2-2-42　组合箍筋三维

④ 调整小箍筋位置,与大箍筋重合

打开剖面 1,选中两只小箍筋,点击"移动",勾选约束,移动后的箍筋如图 2-2-42、2-2-43 所示。

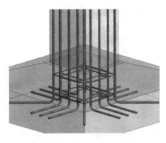

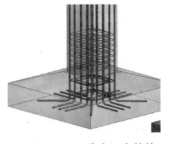

图 2-2-43　组合箍筋位置　　　图 2-2-44　选中组合箍筋　　　图 2-2-45　组合箍筋布局

⑤ 将大箍筋和两只小箍筋组成的复合箍筋成组,名称为柱箍筋。然后按图纸所示的加密区和非加密区进行布置。例如加密区布置如图 2-2-44 所示。

柱钢筋三维配置如图 2-2-26、2-2-47 所示

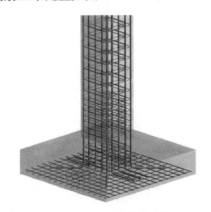

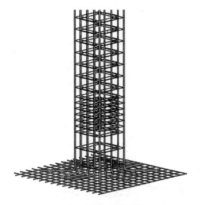

图 2-2-46　柱箍筋布置　　　　　　　图 2-2-47　柱钢筋三维

> **注意**　可将柱中的钢筋成组,然后在平面上复制到配筋相同的柱,以提升配筋效率。

# 2.3　结构梁

## 2.3.1　结构梁绘制

**1. 结构梁**

结构梁绘制

以实训基地为例,打开 1F 结构平面,导入"一层楼面梁图纸",将图纸与项目准确定位,然后锁定,图纸导入对齐的方法,前面已经讲过,此处不再赘述。

(1)结构梁定义

项目中梁的尺寸有 300×650、300×600、200×600、250×550,有框架梁和普通梁。

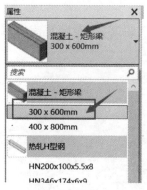

图 2-3-1 选择矩形梁

图 2-3-2 编辑类型

选中混凝土—矩形梁300×600,如图2-3-1所示编辑类型,如图2-3-2所示,复制名称300×650,修改类型属性对话框中的h为650,如图2-3-3所示,完成梁的定义。

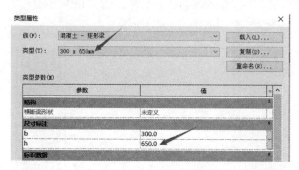

图 2-3-3 定义矩形梁

(2) 结构梁绘制

梁的绘制方法有直线、弧形、样条曲线、椭圆、拾取线,以及在轴网上布置,如图2-3-4所示。

图 2-3-4 梁绘制命令

① 直形梁

选中直线,在图纸上绘制一条梁如图2-3-5所示,执行"对齐(AL)"将梁线与图纸线对齐,精确定位如图2-3-6所示。

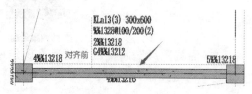

图 2-3-5 绘制梁

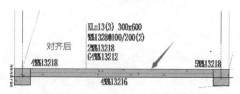

图 2-3-6 梁线与图纸对齐

② 弧形梁

选中"起点—终点—半径"弧,弧形梁如下图 2-3-7 所示。

图 2-3-7  弧形梁

③ 拾取梁线

选中"拾取线"命令,选中实训基地项目的梁线,生成相应尺寸的梁,执行对齐(AL)命令,与图纸对齐,1F 楼面梁模型如下图。实际项目用拾取线命令可以大大提高建模效率。

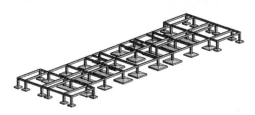

图 2-3-8  1F 梁模型

(3) 实训基地项目结构柱的层间复制

至此,基础层的柱、梁已经绘制完成,为提高建模效率,可进行层间复制,方法如下:

① 打开基础"结构底标高平面",左上到右下拉框全部选中模型,过滤器,只勾选结构柱,如图-2-3-9 所示。

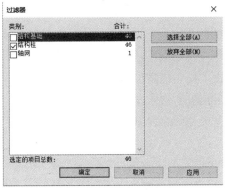

图 2-3-9  选择结构柱

② 复制到粘贴板,选择粘贴命令下的"与选定的标高对齐"如图 2-3-10,选择 1F,点击确定,如图 2-3-11 所示。此时,不要有任何操作,因为复制到 1F 的结构柱的限制条件还没有修改,直接转入③。

> **注意**  由于基础柱的底部标高为基础底标高,偏移-600(或者-800),顶部标高为 1F,高度为 3.05,复制时是按这些属性复制的。直接复制不修改标高度属性,则柱的位置会出现问题。

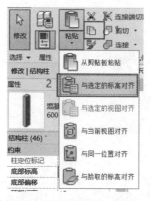

图 2-3-10　复制、粘贴　　　　图 2-3-11　选择标高 1F

③ 修改柱的顶部标高为 2F,顶部偏移为 0;底部标高为 1F,底部偏移为 0,如图 2-3-12 所示结构柱一层复制到二层后的三维视图如下图 2-3-13 所示。

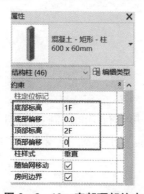

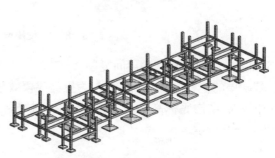

图 2-3-12　底部顶部约束　　　　图 2-3-13　1F 柱模型

④ 调整结构柱属性。

由于南北部分为裙楼,比主楼一楼高出 600。打开三维视图,调整到合适角度,利用右下到坐上的框选方式和 Ctrl 的多选功能,选中全部要修改的结构柱,需要修改属性栏中顶部标高为 2F-1,如图 2-3-14 所示,完成基础柱到 1F 的复制。其他构件(梁、板、墙)的复制与结构柱复制类似,不再重复操作。

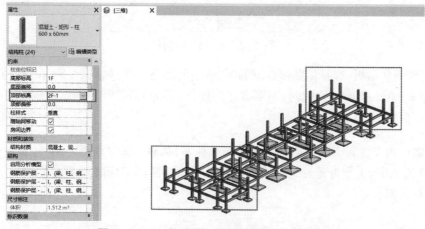

图 2-3-14　修改南北裙楼柱顶部标高的属性

（4）实训基地项目结构梁绘制

打开 2F，导入"2 层楼面梁配筋图"，建立二层楼面梁的模型，如下图 2-3-15 所示。检查南北裙楼的屋面梁标高是否为 2F-1 或者是参照标高为 2F，起点终点标高偏移 600。若不是，则需要选中所有需要修改的屋面梁，修改参照标高或者起点终点标高偏移值，使之与图纸相符。

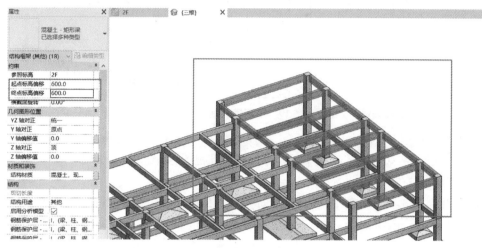

图 2-3-15　南北裙楼结构梁

## 2.3.2　结构梁配筋

结构梁配筋

以 WKLn01 为例二层楼面梁配筋图上（1 轴线上，字母轴 J、K 之间），梁截面尺寸为 300×750，共 1 跨；上部通长筋为 2 根直径为 20 的三级钢，下部通长筋为 4 根直径为 22 的三级钢，梁的侧面有 6 根直径为 12 的抗扭钢筋；箍筋直径为 8，加密区间距为 100 mm，非加密区间距为 200 mm，双肢箍。

图 2-3-16　WKLn01 配筋

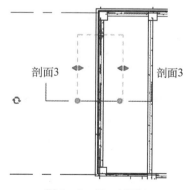

图 2-3-17　剖面 3

在轴线 J、K 之间做如图 2-3-17 所示的剖面 3。

（1）通长筋布置

① 上部通长筋

在项目浏览器中打开剖面 3，选中梁截面，点击"钢筋"命令，在属性栏中选择"钢筋 20HRB335"，钢筋浏览器中选择"钢筋形状:01"，然后在梁截面上布置，如图 2-3-18 所示。

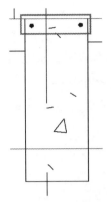 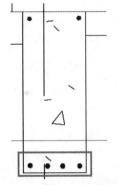 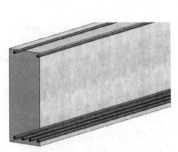

图 2-3-18　上部通长筋　　图 2-3-19　下部通长筋　　图 2-3-20　通长筋三维

② 下部通常筋

布置方法同①,如图 2-3-19 所示,通长筋三维视图,如图 2-3-20 所示。

(2) 箍筋布置

① 打开剖面 3,选中梁截面,点击"钢筋"命令,在属性栏中选择"钢筋 8HRB335",钢筋浏览器中选择"钢筋形状:33",然后在梁上布置箍筋,如图 2-3-21 所示。三维视图如图 2-3-22 所示。

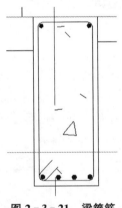 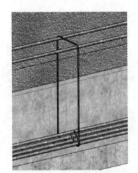

图 2-3-21　梁箍筋　　　　　图 2-3-22　梁箍筋三维

② 布置加密区箍筋

假设箍筋从距离柱边 50 mm 处开始布置,梁两端有 1 500 mm 的加密区,中间为非加密区。打开西立面,做如下图 2-3-23 所示的参照平面。

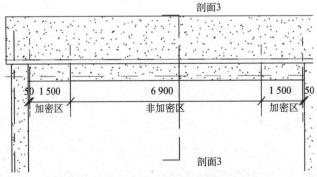

图 2-3-23　梁加密区与非加密区划分

选中剖面 3 处布置的箍筋,点击"复制"命令,复制时打开约束,将箍筋复制到左侧 50 mm处。选中左侧箍筋,修改"布局"为"间距数量","间距"为"100 mm","数量"为"16",如图 2-3-24 所示。同样方法可做右侧箍筋。还可以采用复制或镜像复制命令复制右侧箍筋。WKLn01 加密区箍筋配置如下图 2-3-25 所示。

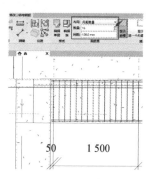

图 2-3-24　加密区布局

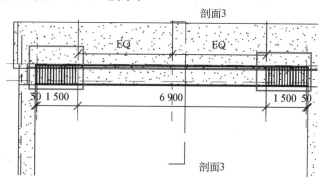

图 2-3-25　加密区镜像复制

③ 布置非加密区箍筋

将剖面 3 处的箍筋移动至左侧 1 500 的参照平面处,移动时勾选约束。选中该箍筋,修改"布局"为"间距数量","间距"为"200 mm","数量"为"34",如图 2-3-26 所示。箍筋三维如图 2-3-27 所示。

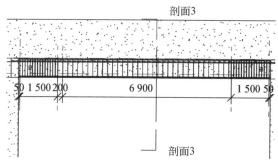

图 2-3-26　非加密区布局

图 2-3-27　箍筋三维

WKLn01 钢筋三维视图如下图 2-3-28 所示:

图 2-3-28　WKLn01 钢筋布置

图 2-3-29　梁长度修改

提示　要是修改单根梁长度,选中钢筋,拉伸钢筋端部三角符号即可,如图 2-3-29 所示。

## 2.4　结构板

### 2.4.1　结构板绘制

**1. 结构板**

（1）结构板定义

打开结构选项卡,选择楼板,"楼板:结构"命令,进入编辑楼板界面。绘制区有绘制边界线、坡度箭头和跨方向三个功能,如图 2-4-1 所示。楼板主要按边界线绘制,有直线、矩形、多边形、圆形、弧形、椭圆等绘制方法,也有拾取线、拾取墙、拾取支座 3 中拾取方式建立楼板。

以实训基地为例,打开 2F 平面图,导入"二层楼面模板图"。实训基地楼板有 3 种厚度110 mm、130 mm、150 mm。需要新建楼板,结构样板中提供了几种不同种类的楼板族,选择常规 300,复制,重命名"楼板 110 mm",点击结构后的"编辑"命令,将厚度改为 110,如图2-4-2 所示。利用边界线直线、矩形或拾取线命令,可绘制楼板。

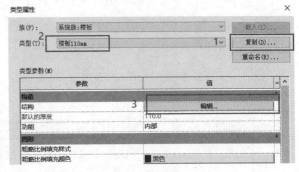

**图 2-4-1　结构板绘制命令**

**图 2-4-2　结构板定义**

（2）结构板绘制

以实训基地为例,在"修改|创建楼层边界"命令,绘制如下图 2-4-3 所示封闭图形,注意按图纸修改标高和偏移量,点击绿色√完成楼板编辑。

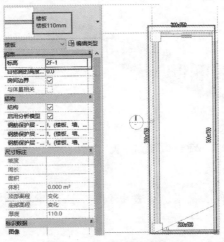

**图 2-4-3　楼板轮廓绘制**

楼板编辑中,大的封闭图形中套小的封闭图形,则会生成板洞,如下图 2-4-4 所示。

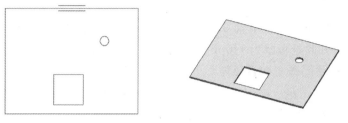

图 2-4-4　板洞绘制

(3) 结构板属性修改

实训基地项目卫生间楼板厚度为 110 mm,设计降板 50 mm。在编辑过程中,修改"自标高的高度偏移"为"50",如图 2-4-5 所示,降板三维视图如下图 2-4-6 所示。

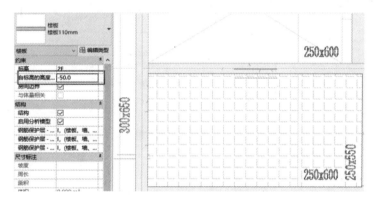

图 2-4-5　降板设置

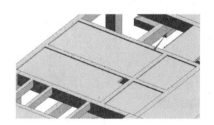

图 2-4-6　降板三维视图

(4) 实训基地二层楼板绘制

利用直线命令或拾取线命令绘制的楼板如下图 2-4-7 所示。

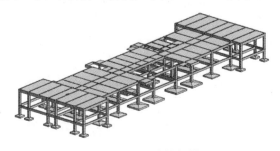

图 2-4-7　1F 结构板模型

### 2.4.2 结构板配筋

以三层楼面板配筋图中数字轴 5、6 轴，字母轴①、⑥轴处的屋面板为

**结构板配筋**

例。结构施工图可知此处板厚为 110 mm，板底部分布筋为直径为 8 间距为 200 mm 的二级钢，顶部 X 方向直径为 8 间距为 140 mm 的二级钢，Y 方向为直径为 8 间距为 200 mm 的二级钢；左支座为直径为 10 间距为 130 mm 的二级钢，其余支座负筋为直径为 8 间距为 200 mm 的二级钢，如图 2－4－8 所示。

说明：
1. 未注明支座钢筋均为 Φ8@200
2. 未注明现浇板底部钢筋：

| 板　厚 | 板底筋（双向） |
|---|---|
| 110/120 | Φ8@200 |
| 130 | Φ8@180 |
| 150 | Φ8@150 |

3. 屋面板上部无负筋区域应增设 Φ6@200 双向钢筋网，与受力钢筋接受拉要求搭接。

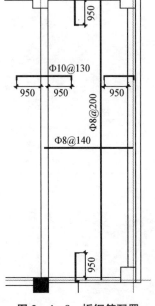

**图 2－4－8　板钢筋配置**

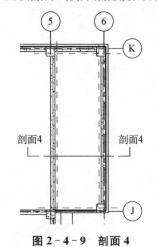

**图 2－4－9　剖面 4**

（1）布置 X 方向底筋和面筋。

做如图 2－4－9 所示的剖面 4。

① 配置板底筋

打开剖面 4，选中板截面，点击"钢筋"命令，属性栏中选择"钢筋 8HRB335"，钢筋浏览器中选择"钢筋形状:01"，然后布置钢筋，如图 2－4－10 所示。选中布置好的钢筋，两端拉伸至合适位置，如图 2－4－11 所示。

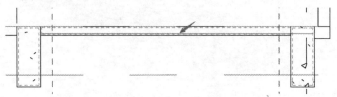

**图 2－4－10　第一根板底筋**

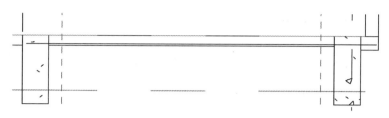

**图 2-4-11　修改板底筋长度**

选中钢筋,修改"布局"为"间距数量","间距"为"200 mm","数量"暂时修改为"3"。打开 2F-1 平面,修改可见性,将钢筋显示,如图 2-4-12 所示。选中钢筋,选择"移动"命令,勾选"约束",将钢筋组移动至距离梁边"间距/2"处,如图 2-4-13 所示。选中钢筋,修改"数量"为"53",如图 2-4-14 所示。

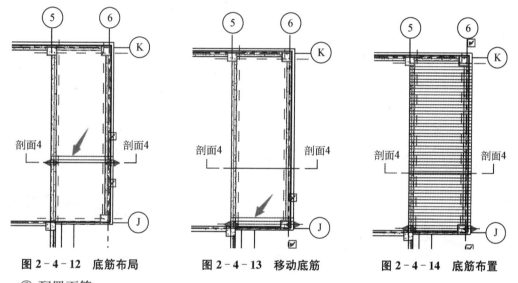

**图 2-4-12　底筋布局**　　　**图 2-4-13　移动底筋**　　　**图 2-4-14　底筋布置**

② 配置面筋

做法同底筋。与底筋不同的是钢筋形状,在钢筋浏览器中选择"钢筋形状:05"如图 2-4-15 所示,然后选中钢筋进行拉伸,如图 2-4-16 所示。修改"布局"为"间距数量","距离"为"140 mm","数量"为"75"。

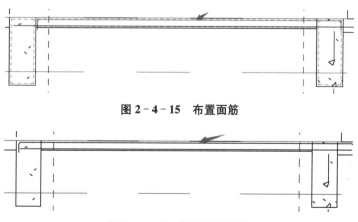

**图 2-4-15　布置面筋**

**图 2-4-16　修改面筋长度**

（2）布置 Y 方向底筋和面筋

首先做如图 2-4-17 所示的剖面 5，打开剖面 5 选中板截面。Y 方向底筋配置方法同 X 方向底筋；同理，配置 Y 方向面筋，如图所示。

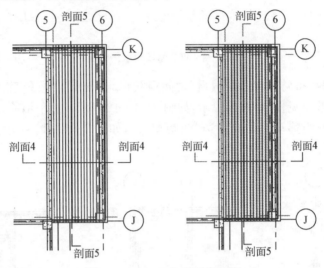

图 2-4-17 Y 方向钢筋布置

面筋三维视图如下图 2-4-18 所示，底筋三维视图如下图 2-4-19 所示，楼板的底筋面筋三维视图如图 2-4-20 所示。

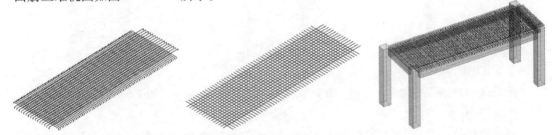

图 2-4-18 面筋三维    图 2-4-19 底筋三维    图 2-4-20 板底筋面筋三维

（3）布置板负筋

① 布置Ⓙ～Ⓚ轴之间数字轴⑥轴处的板负筋

选择要布置钢筋的板，点击"钢筋"面板上的"路径"。

图 2-4-21 路径钢筋

在属性栏中，设置"钢筋间距"为"200 mm"，"主筋-类型"为"8HRB335"，"主筋-长度"为"1 230 mm"，"主筋-起点钢筋类型"为"标准-90 度"，"主筋-终点钢筋类型"为"标准-90度"。如图 2-4-22 所示，沿着距离梁边一个保护层的位置处绘制如下图的路径，三维视图如下图 2-4-23 所示。

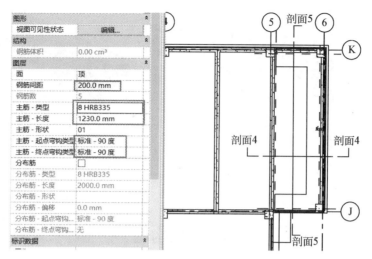

图 2 - 4 - 22　板负筋路径

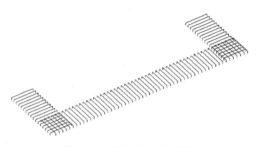

图 2 - 4 - 23　板负筋三维

② 布置 5 轴处的板负筋

布置方法如布置Ⓙ～Ⓚ轴之间⑥轴处的板负筋。设置属性栏如图 2 - 4 - 24 所示,三维视图如下图 2 - 4 - 25 所示。

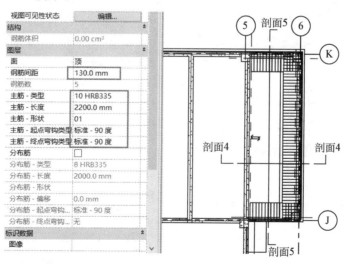

图 2 - 4 - 24　5 轴处负筋路径及属性设置

板钢筋三维如下图 2 - 4 - 26 所示。

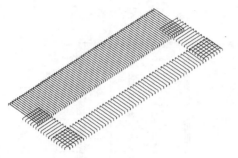

图 2 - 4 - 25　板负筋三维

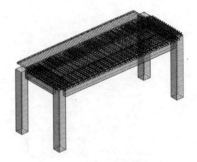

图 2 - 4 - 26　板钢筋三维

# 2.5　结构墙

## 2.5.1　结构墙绘制

### 1. 结构墙

（1）结构墙定义

打开"结构"选项卡，结构面板上的"墙"下"墙：结构"命令，进入"修改|放置结构墙"的上下文选项卡。

选择"常规－200 mm"，点击属性栏中"编辑类型"，弹出"类型属性"对话框，选择"复制"，名称为"女儿墙－150 mm"，点击"结构"后的"编辑"命令，弹出"结构部件"对话框，将结构[1]厚度改为150，也可以修改女儿墙材质，如下图 2 - 5 - 1 所示。

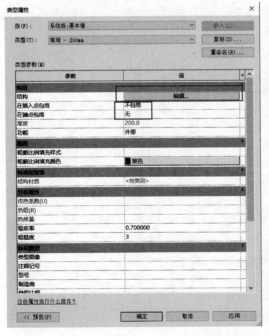

图 2 - 5 - 1　结构墙定义

（2）结构墙属性修改

在"编辑类型"中可以修改一部分属性，而墙体的位置属性则在属性栏中设置。可以修改"约束"类别下的"定位线"、"底部约束""底部偏移""顶部约束""顶部偏移"等命令控制拟绘制墙体的起始高度。

例如：以实训基地项目为例，绘制一条从 1F 至 2F 的墙体，则需要修改的参数如下图 2-5-2所示，"底部约束"为"1F"，"底部偏移"为"0.0"，"顶部约束"为"直到标高：2F"，"顶部偏移"为"0.0"。三维视图如图 2-5-3 所示。

> **说明**　"底部偏移"为正值，例如300 mm，说明墙的起始位置是从"底部约束"＋300 mm处开始；"底部偏移"为负值，例如—300 mm，说明墙的起始位置是从"底部约束"—300 mm 处开始。同理，"顶部偏移"为正值，例如 500 mm，说明墙的结束位置在高出"顶部约束"＋500 mm 处；"顶部偏移"为负值，例如—500 mm，说明墙的结束位置在"顶部约束"—500 mm 处。

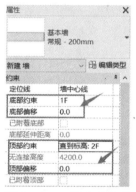

图 2-5-2　墙高度设置

图 2-5-3　墙模型

选中墙体，出现向上、向下两个三角符号，可以直接拖拽两个三角符号至合适位置处。另外，选中墙体也会出现墙长度的临时尺寸标注，可以直接修改临时尺寸标注的数值修改墙的长度，如图 2-5-4 所示。

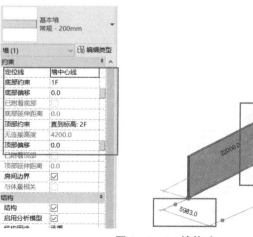

图 2-5-4　墙修改

（3）结构墙绘制

直线、矩形、多边形、圆形、弧形等绘制方式，拾取线、拾取面绘制方式，如图 2-5-5 所示。

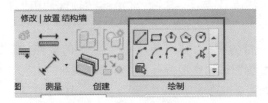

图 2-5-5　墙绘制命令

## 2.5.2　结构墙配筋

结构墙配筋

由于实训基地的结构墙只有女儿墙需要配筋，以二层楼面模板图中详图①处的女儿墙配筋为例。

女儿墙节点详图如图 2-5-6 所示：水平分布筋和垂直分布筋都是直径为 8 间距为 150 mm 的三级钢。

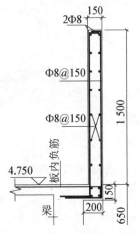

图 2-5-6　女儿墙钢筋配置

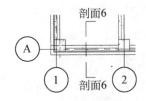

图 2-5-7　剖面 6

（1）垂直分布筋布置

做如图 2-5-7 所示的剖面 6，打开剖面 6。选中女儿墙截面，点击钢筋命令，在放置方法中选择"绘制钢筋"命令，如图 2-5-8 所示，属性栏中选择钢筋的类型。

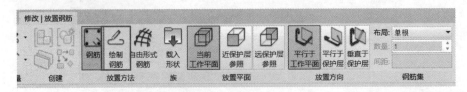

图 2-5-8　绘制钢筋命令

选择女儿墙截面，沿保护层绘制一条垂直筋，如下图 2-5-9 所示，点击绿色√完成钢筋布置。同理，绘制另外一条垂直分布筋，如图 2-5-9 所示。打开 2F-1 平面，修改钢筋的布局、间距和数量的参数,如下图 2-5-10 所示。

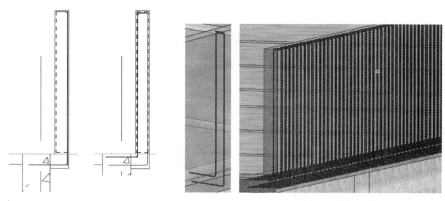

图 2-5-9　垂直分布筋绘制　　　图 2-5-10　垂直分布筋三维

(2)水平分布筋布置

打开南立面,选择女儿墙,点击钢筋面板上的"面积"命令,修改属性栏中钢筋的设置并绘制如图 2-5-11 所示的布筋范围,如下图 2-5-12 所示,点击绿色√,完成钢筋编辑。

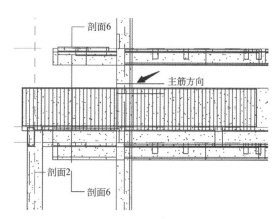

图 2-5-11　水平分布筋属性设置　　图 2-5-12　水平分布筋分布范围

女儿墙,钢筋配置如下图 2-5-13、2-5-14 所示。

图 2-5-13　配筋截面　　　图 2-5-14　女儿墙钢筋三维

模块 2 习题

# 模块 3　建筑建模

>>> 模块 3　建筑建模 <<<

本模块将以某学校实训基地项目为例,进行建筑模型的创建,建筑模型中的构件包括建筑柱、建筑墙、门窗、幕墙、楼梯、楼板、屋顶以及一些零星构件(台阶、坡道、散水、栏杆),为了将建筑构件进行准确定位,需首先将建筑标高和轴网创建完成。

## 3.1　建筑标高、轴网

建筑标高与轴网

下面讲述某学校实训基地项目的建筑标高和轴网的绘制。

### 3.1.1　标高

基于"建筑样板"新建一个项目,打开任一立面视图,进行项目标高的绘制。建筑选项卡下,在基准面板中选择"标高"命令,进入"修改|放置标高"的上下文选项卡,可利用"直线绘制"、"复制"或者"阵列"三种方法生成标高,如图 3-1-1 所示。具体的绘制方法前文中已有详细叙述,在此不再赘述。

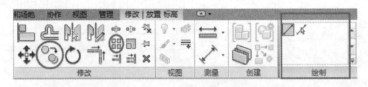

**图 3-1-1　标高的三种绘制方法**

需要注意:利用复制的命令创建的标高,不会生成对应的楼层平面,需要另外添加缺少的楼层平面。在"视图"选项卡下,"平面视图"下拉菜单中的"楼层平面"中即可看到缺少的楼层平面,选中相应标高,点击"确定"即可添加成功,如图 3-1-2 及图 3-1-3 所示。

**图 3-1-2　添加缺少楼层平面的路径**　　**图 3-1-3　选择缺少楼层平面对应标高**

添加缺少平面视图前后项目浏览器中的楼层平面变化如图 3-1-4 所示：

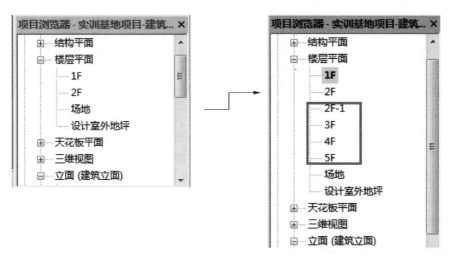

**图 3-1-4　缺少楼层平面添加前后的变化**

由实训基地项目施工图纸可知,该项目各层的楼面建筑标高如表 3-1-1 所示,根据各层的楼面标高,利用软件提供的标高绘制方法在任一立面视图中创建标高即可,创建结果如图 3-1-5 所示。

**表 3-1-1　各楼层的楼面标高**

| 楼层 | 室外地坪标高 | 1F | 2F | 2F-1(裙楼) | 3F | 4F | 5F(屋顶) |
|------|------------|----|----|-----------|----|----|----------|
| 楼面标高 | −0.450 | ±0.000 | 4.200 | 4.800 | 7.800 | 11.400 | 15.000 |

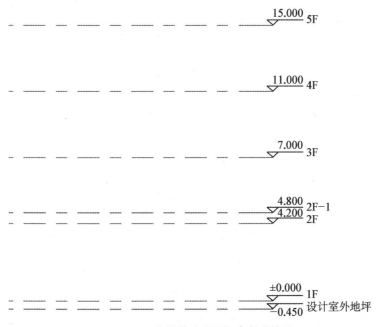

**图 3-1-5　实训基地项目标高创建结果**

### 3.1.2 轴网

在1F楼层平面视图下,可进行该项目轴网的绘制。建筑选项卡下,在基准面板中选择"轴网"命令,进入"修改|放置轴网"的上下文选项卡,绘制方法跟标高类似,前文中已有详细叙述,在此不再赘述。此处介绍利用"复制/监视"的命令将结构模型中的轴网复制到建筑模型中。操作步骤如下:

① 在"插入"选项卡中点击"链接Re vit",将已有的结构模型链接进来。

② 在"协作"选项卡中,"复制/监视"下拉菜单中点击"选择链接",如图3-1-6所示。接着点击链接进来的结构模型,进入"复制/监视"选项卡,点击"复制",勾选"多个",利用"过滤器"将链接中的轴网选中,点击"完成"按钮,如图3-1-7所示。此时仅仅完成了复制,而"复制/监视"命令并未结束。

图3-1-6 复制/监视操作路径

图3-1-7 "复制"命令操作路径

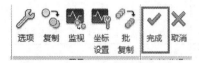

图3-1-8 复制/监视操作完成

③ 再次回到"复制/监视"选项卡,点击"完成"按钮,结束"复制/监视"的命令,如图3-1-8所示。

完成以上三个步骤,就可以将所链接的结构模型中的轴网复制进来,然后选中链接,将其删除即可。轴网起到构件水平位置定位的作用,为防止后续操作中误对轴网进行改动,可将轴网全部选中并锁定,然后便可进行建筑柱的布置。

> **说明** 锁定方法,从左上向右下拉框,或从右下往左上框选所有轴线,进入"修改|轴线"上下文选项卡,选中"    ",即可锁定轴网。

## 3.2 建筑柱

在Revit Architecture中提供了建筑柱和结构柱两种建模工具,如图3-2-1所示。两者的区别在于建筑柱用于建筑模型中柱的创建,并且其外观将与墙体的外观同步变化,而结构柱用于结构模型中柱的创建,结构柱中可进一步布置柱钢筋。下面以某学校实训基地项目为例,讲解建筑柱的布置方法。

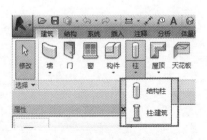

图3-2-1 软件中关于柱的
两种建模工具

### 3.2.1 建筑柱基本操作

#### 1. 建筑柱的截面尺寸的确定

依照我国设计院的出图习惯,建筑施工图中柱的尺寸与结构施工图中柱的尺寸是一致的,

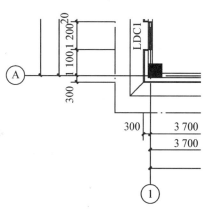

但是在 Revit 软件中,建筑柱的材质会自动继承墙的材质,因此建筑柱的尺寸应该为结构柱的尺寸加上相应墙体处的装修层的厚度,所以必须先分析墙体的做法。

由该项目图纸中建筑设计说明可知,该项目墙体的外装饰层厚度为 133 mm,内装饰层厚度为 17 mm,再结合结构施工图中结构柱的截面尺寸,便可判断建筑柱中角度、中柱和边柱的截面尺寸。例如:如图 3-2-2所示,角柱的结构尺寸为 600 * 600,考虑到内外装饰层的厚度,b 边尺寸变为 600+133+17=750 mm,h 边尺寸变为 600+133+17=750,所以该建筑柱的截面尺寸为 750 * 750。同样的道理,边柱截面尺寸为 750 * 634,中柱的截面尺寸为 634 * 634。

图 3-2-2 实训基地项目中某角柱

#### 2. 建筑柱的类型属性定义

点击建筑选项卡,在"构建"面板中选择"柱"下拉菜单中的"建筑柱",点击类型选择器下拉菜单,选择与项目相符的建筑柱类型,由于本项目中均为矩形柱,所以此处选择"矩形柱",若没有符合项目的柱类型,则选择"插入"选项卡,从"从库中载入"面板的"载入族"工具中打开相应族库进行载入族。选择好类型后,点击"编辑类型",进入类型属性编辑对话框,如图 3-2-3 所示。

进入类型属性编辑对话框后,进行以下四部操作,如图 3-2-4 所示。

(1)通过点击"复制"得到属于本项目的柱类型。此时注意我们一般不直接更改原有的柱类型属性,以防项目中已有柱类型属性随之被更改,一定要养成"复制"出新类型的好习惯。

(2)对复制出的柱类型进行重命名。通常情况下,以柱的截面尺寸作为新建类型的名称。例如本项目的中柱截面尺寸为 634 * 634,所以柱类型名称可以命名

图 3-2-3 编辑建筑柱类型属性的操作路径

为 634 * 634。当然,此处的命名方式并不唯一,还可以用柱的名称(如 KZ1)来命名,只要建模的过程中能够清楚区分即可。

(3)对复制出的柱类型进行截面尺寸的编辑。

例如本项目的中柱截面尺寸为 634 * 634,所以尺寸标注改为深度 634,宽度 634。

(4)对复制出的柱类型进行材质编辑。点击类型属性中的材质,进入材质浏览器,在"搜索"栏里输入"混凝土",从项目材质库中选择合适的材质即可,若项目材质库中没有合适

的材质,可从 Autodesk 材质库和 AEC 材质库中查找,找到后添加到项目材质库中,双击就将选中材质赋予柱,如图 3-2-5 所示。

图 3-2-4　建筑柱类型属性定义的操作

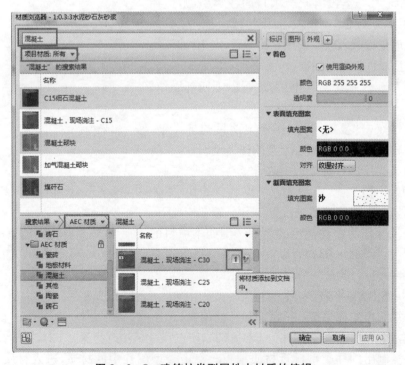

图 3-2-5　建筑柱类型属性中材质的编辑

对于本项目的中柱类型属性编辑完成后如图 3-2-6 所示。

图 3-2-6　实训基地项目的中柱类型属性定义结果

### 3.2.2　实训基地建筑柱

建筑柱的类型属性编辑完成后，即可进行一层建筑柱的布置，在轴网上放置柱之前，一定要确保"高度"的状态，才能使所布置柱子延伸至 2F，若是"深度"的状态，所布置柱子将向下延伸至室外地坪标高，如图 3-2-7 所示。

建筑柱绘制

图 3-2-7　状态栏中确定"高度"的绘制状态

Revit 软件中布置柱的特点是轴网的交点即为柱的中心，所以暂时以"柱中心即为轴网交点"的状态放置柱，而对于偏轴线的柱，放置完成后再进一步调整柱的精确位置。

以本项目的Ⓒ轴线上的柱为例介绍建筑柱的布置及精确位置的调整操作。关于Ⓒ轴线的局部图纸如图 3-2-8 所示。可见，Ⓒ轴线上需要布置四根建筑柱，其中两根属于边柱，截面尺寸为 750＊634，另外两根属于中柱，截面尺寸为 634＊634。

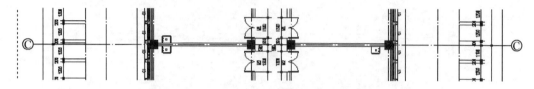

**图 3-2-8　实训基地项目Ⓒ轴线的局部图纸**

对于这四根柱子的布置步骤如下：

（1）编辑边柱和中柱的类型属性。类型属性的编辑方法上文已有叙述。

（2）将边柱和角柱以"柱中心即为轴网交点"的状态放置。注意选择的是"高度"的方式，直到 2F。

放置后的三维视图显示如图 3-2-9 所示。完成后选择其中一个柱查看其实例属性，底部标高 1F，顶部标高 2F，正好符合项目的实际情况，如图 3-2-10 所示。注意裙房区域的建筑柱底部标高 1F，顶部标高 2F-1，所以后期需要调整该部分柱实例属性中的顶部标高。

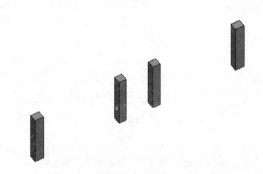

**图 3-2-9　实训基地项目 C 轴线上建筑柱的三维显示**

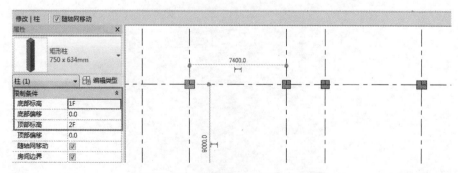

**图 3-2-10　检查某建筑柱的实例属性**

（3）调整建筑柱的精确水平位置。

建筑柱的水平位置是由其与定位轴线的位置关系决定的，所以首先应该清楚每根柱与定位轴线之间的相互位置关系。实训基地项目结构施工图中©轴线的局部施工图如图3-2-11所示。

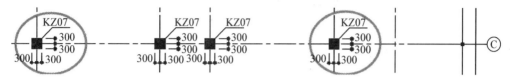

图3-2-11　实训基地项目结构施工图中©轴线上柱的位置情况

中间的两个中柱（结构柱600＊600）本身就是沿定位轴线对称的状态，因考虑了装饰层厚度建筑柱截面变为634＊634，但仍会沿定位轴线对称，所以不用重新调整这两个中柱的水平位置。

但是两侧的两个边柱的情况有所不同，以最左侧边柱为例，由于在Revit软件该柱放置时b边750被定位轴线左右平分，考虑装饰层后，实际上会变为左433，右317，所以需要调整该柱的水平位置。调整方法："注释"选项卡下，利用"对齐尺寸标注"的命令将左侧边柱与定位轴线的距离标注出来，然后点击该柱，重新修改尺寸标注即可。修改前后该柱与定位轴线的关系对比如图3-2-12所示。

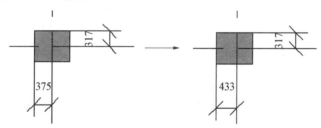

图3-2-12　某建筑柱的位置调整前后的对比图

在Revit软件中布置柱时，不建议放置一个柱就紧接着调整其水平位置，而是先将所有层柱放置完成后，统一调整它们的水平位置，此时就可以利用"修改"选项卡下的"对齐"命令，省去了先尺寸标注再修改尺寸标注的步骤，方便修改工作，若将多重对齐打上对钩，将会起到事半功倍的效果，如图3-2-13所示。

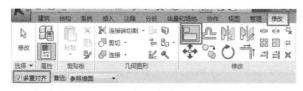

图3-2-13　统一调整柱精确尺寸的"对齐"操作路径

本层所有的建筑柱布置完成后，可删除调整过程中的尺寸标注，使视图显得更加整洁，删除方法：选中其中一个尺寸标注，点击右键，"选择全部实例"，点击"在视图中可见"，选中全部尺寸标注后，点击"Delete"键删除即可。

实训基地项目一层建筑柱布置完成后的三维视图如图3-2-14所示。

图 3-2-14　实训基地项目一层建筑柱的三维显示

# 3.3　建筑墙

## 3.3.1　建筑墙基本操作

墙体作为整个建筑的围护及分割空间的构件,是建筑模型的重要组成部分。在 Revit Architecture 中提供了建筑墙和结构墙等建模工具,建筑墙用于建筑模型中墙体的创建,注重外观及构造层次,而结构墙用于结构模型中墙体的创建,结构墙中可进一步布置钢筋,或进一步受力分析。此外 Revit Architecture 中还可以为墙添加墙饰条和墙分隔条,如图3-3-1所示。

图 3-3-1　Revit 软件中"墙"工具类型

Revit 软件中的建筑墙不是仅包括结构层那么简单,对于墙体的装饰层次以及复杂外墙立面的编辑,Revit 软件的功能还是很丰富的。本节首先对墙体的分割层、指定层的操作以及叠层墙、墙饰条、墙分隔条等进行描述,熟悉了建筑墙的基本功能后,接着以某学校实训基地项目为例,讲解建筑墙的布置方法。

### 1. 建筑墙拆分区域、指定区域

由于建筑墙着重装饰构造做法,难免存在墙体装饰做法上下不统一,例如某高3 000 mm 的墙体,墙底端 1 000 mm 高范围内外立面贴墙砖,而顶端 2 000 mm 范围内外立面刷墙漆,此时就必须对墙体进行拆分区域、指定区域后再做相应的编辑新的墙类型,才能满足项目的真实要求。

【例 3-1】　按照图 3-3-2所示,新建项目文件,创建如下墙类型。以标高 1 到标高 2 为墙高,创建半径为 6 000 mm(以墙核心层内侧为基准)的圆形墙体。

例 3-1

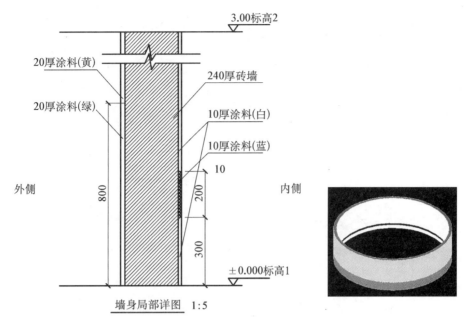

图 3 - 3 - 2　某圆形墙体的剖面图及三维示意图

【分析】　（1）新建符合题目要求的墙体类型，需要添加墙体的内外侧装饰层。

（2）由于该墙体的内外侧墙面的上下段装饰做法均不相同（包含四种涂料），所以需要拆分墙体。

【建模步骤】

（1）准备工作。

新建一个基于建筑样板的项目，打开任一立面视图，修改标高 2 为 3.000，然后打开标高 1 楼层平面。

（2）编辑墙类型。

① 复制新的墙类型。"建筑"选项卡下"构建"面板找到"墙"，打开"墙"的下拉菜单，选择"建筑墙"，在类型选择器中选择"基本墙（常规 200 mm）"点击"编辑类型"进入类型属性编辑对话框，点击"复制"得到新的墙体类型，重命名为"240 厚砖墙"，如图 3 - 3 - 3 所示。

图 3 - 3 - 3　编辑墙类型的操作路径

② 编辑结构层的厚度及材质。对构造中的"结构"点击"编辑"，弹出编辑部件对话框，将结构层厚度改为 240。点击结构层材质选择按钮，进入材质浏览器对话框，搜索"砖"，将

Autodesk 材质库中的"砖,普通,红色"添加到项目材质,点击右下角"应用",材质更改完成,如图 3-3-4 所示。

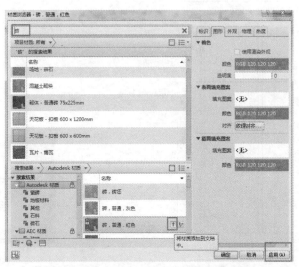

图 3-3-4　编辑结构层材质的操作路径

③ 添加墙体内外装饰层。在编辑部件对画框中,240 厚的砖作为墙体的结构层,也是墙体的核心层,考虑到墙体内外侧需要装饰层,所以在选中上方核心层边界,点击"插入",便在墙体的外部添加了一层,该层将最为墙体的外装饰层,将该层的功能修改为"面层 1",修改材质为"黄色涂料",修改厚度为"20"。同理可添加墙体的内装饰面层,修改材质为"白色涂料",修改厚度为"10",如图 3-3-5 所示。

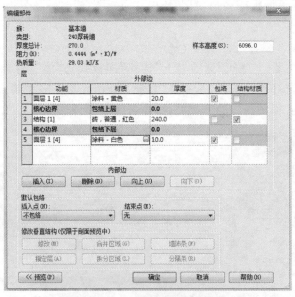

图 3-3-5　添加墙体内外装饰层

接下来修改内外装饰层的材质。在材质浏览器中搜索"涂料",项目材质库中本身有"涂料-黄色",直接选用作为墙体外部面层材质即可,下面讲述墙体内部面层"涂料-白色"材质的更改方法。点击墙体内部面层的材质选择按钮，进入材质浏览器，在项目材质库中复制已有的"涂料-黄色"，重命名为"涂料-白色"，接下来修改"涂料-白色"材质的图形和外观。选中复制出的"涂料-白色"材质，点击"外观"，接着点击"复制此资源"，这样就将"涂料-黄色"材质的外观复制给了"涂料-白色"材质，这样就可以更改"涂料-白色"材质的外观和图形，而不会影响到"涂料-黄色"材质。接着将外观颜色改为白色，如图 3-3-6 所示。再切换到图形，勾选"使用渲染外观"即可，如图 3-3-7 所示。

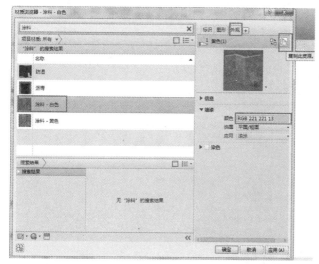
图 3-3-6　更改墙体内部面层材质的操作路径

图 3-3-7　使用渲染外观工具

　　若按照上述定义的类型属性绘制墙体，将会呈现外侧全部黄色涂料面层，内侧全部白色涂料面层，显然不符合题目要求，按照题目要求，墙体外侧底端 800 高为绿色涂料，其余为黄色涂料，而墙体内侧白色涂料中间有 200 高的蓝色涂料，所以需对内外面层进行进一步的编辑。

　　（i）拆分区域。在"编辑部件"对话框中，点击左下角"预览"，"视图"选择剖面，右上角样本高度改为"3 000"。点击"拆分区域"将左侧剖面视图中外色黄色面层沿着底端 800 的高度拆分，将内侧白色面层沿着底端 300 高和 500 高的位置拆分两次。如图 3-3-8 所示。

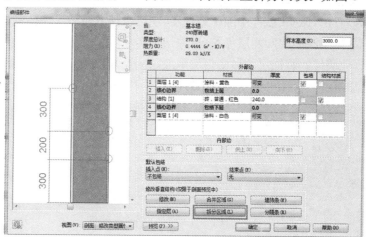
图 3-3-8　拆分区域的操作步骤

（ii）指定层。在墙体的最外侧添加面层，材质更改为"涂料-绿色"，厚度为0；在墙体的最内侧添加面层，材质更改为"涂料-蓝色"，厚度为0，更改材质的方法同上文所述。选中"涂料-绿色"面层行，再点击下方"指定层"，在左侧剖面视图中选中最外侧黄色面层底端的800高区域，便可将"涂料-绿色"面层指定给底端的800高区域。同样，选中"涂料-蓝色"行，再点击下方"指定层"，在左侧剖面视图中选中最内侧白色面层底端的200高区域，便可将"涂料-蓝色"面层指定给底端的200高区域。指定操作完成后，"涂料-绿色"层"涂料-蓝色"层的厚度分别随着改变为20及10。如图3-3-9所示。至此，墙类型编辑完成，点击"确定"按钮。

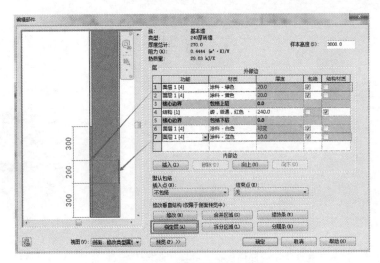

图3-3-9 指定层的操作步骤

（3）绘制墙体。

"建筑"选项卡，"墙"工具下选择"建筑墙"，选择编辑好的墙类型"240厚砖墙"，采用圆形的绘制方式，在"高度"的状态下，直到标高2，按照题目要求，定位线选择"核心面：内部"，如图3-3-10所示，便可绘制出半径为6 000 mm的圆形墙体。若绘制的墙体内外侧方向相反，同时选中两半圆墙体，按照键盘上的"空格键"便可更换墙体的内外侧方向。绘制墙体的平面视图及三维视图如图3-3-11所示。

从本例题可以看出，Revit软件中除了结构层，还可以很方便做出墙体的内外装饰层，包括粘结层、保温隔热层、涂膜层和面层等等，更加贴合实际项目。另外，还可以通过拆分区域和指定层的做法，让墙体的装饰层的做法更加精细，这也为后期的工程管理提供了精确的基础资料。

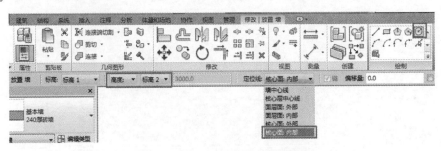

图3-3-10 绘制墙体的操作路径

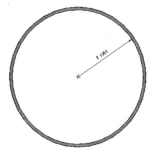

图 3-3-11　墙体的平面视图及三维视图

### 2. 叠层墙的创建

叠层墙

在 Revit 软件中叠层墙实际上就是基本墙的组合,也就是一面墙是由上部一种基本墙和下部的另一种基本墙组成,例如,某建筑卫生间高 3 000 mm 的墙体,为了起到防水效果,墙底端做 500 mm 高的混凝土墙,顶端 2 500 mm 是砌块墙,此时就可以利用叠层墙的命令满足项目的真实要求。下面讲述 Revit 软件中叠层墙的创建方法。

"建筑"选项卡下点击"墙",选择建筑墙,打开类型选择器,选择软件自带的叠层墙(外部-砌块勒脚砖墙),绘制出的叠层墙三维如图 3-3-12所示。可见,叠层墙呈现出完整墙体由上下两种墙体组成的特点。

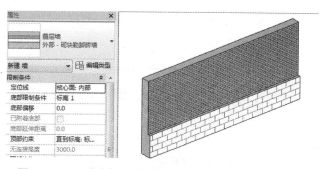

图 3-3-12　"外部-砌块勒脚砖墙"叠层墙的三维视图

点击"外部-砌块勒脚砖墙"叠层墙的编辑类型,进入类型属性编辑对话框。点击类型参数"结构"后的"编辑",进入编辑部件对话框,如图 3-3-13 所示。可见,该叠层墙上段是"外部-带砖与金属立筋龙骨复合墙",其高度可变,下段是"外部-带砌块与金属立筋龙骨复合墙",高度为900,当然这个 900 的高度是可以修改的。

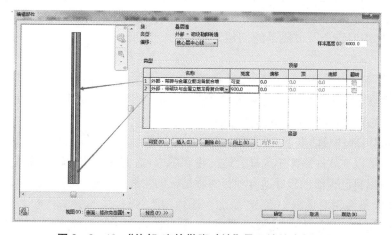

图 3-3-13　"外部-砌块勒脚砖墙"叠层墙的类型编辑

【例3-2】 请创建新的叠层墙类型,命名为"地下室外墙",要求墙体底部为1 500高的"挡土墙-300 mm混凝土",顶部为"常规-200 mm",这两种墙均采用Revit软件自带的即可。

【分析】 该例题使用软件自带的基本墙作为叠层墙的组成,当然实际项目中可以根据实际情况提前做好所需要的基本墙,用以组成叠层墙。

【建模步骤】

(1) 点击"外部-砌块勒脚砖墙"叠层墙的编辑类型,进入类型属性编辑对话框,点击"复制",重命名为"地下室外墙",点击类型参数"结构"的编辑按钮,进入编辑部件对话框。

(2) 点击底部墙体类型名称,下拉菜单中会出现项目中可用的所有基本墙的名称,选择"挡土墙-300 mm混凝土",并将其高度改为1 500。同样,点击底部墙体类型名称,选择"常规-200 mm",点击"确定"完成对新的叠层墙的类型编辑,如下图3-3-14所示。

利用本例题创建的"地下室外墙"叠层墙类型而创建的墙体三维视图如图3-3-15所示。

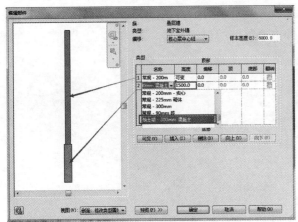

图3-3-14 叠层墙的类型编辑

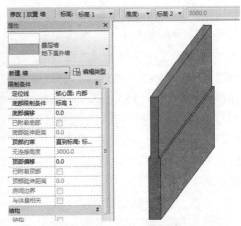

图3-3-15 "地下室外墙"叠层墙三维视图

### 3. 墙饰条、分隔条

在实际的项目中,设计墙体的外侧常常存在一些造型,有些会凸出墙面,有些会凹进墙面,而这些造型我们可以通过在墙类型编辑时添加造型轮廓至适当的高度,那么造型将随着墙体自动生成,也就无须另外添加。下面讲述Revit软件中墙饰条及分隔条的创建方法。

墙饰条、分隔条

步骤如下:

(1)"建筑"选项卡下点击"墙",选择建筑墙,打开类型选择器,选择基本墙"常规-90砖",点击"类型编辑"进入类型属性编辑对话框,点击"复制",重命名为"墙饰条+分割",点击编辑"结构"类型参数,进入编辑部件对话框。

(2) 点击编辑部件对话框下方"墙饰条",弹出墙饰条编辑对话框,如图3-3-16所示。点击"载入轮廓",可以在软件族库中选择合适的轮廓载入,这里我们载入软件族库中的"封口线"轮廓,当然也可以自己提前创建好适合项目实际情况的轮廓族,载入到项目供此处使用。

(3) 在墙饰条编辑对话框中点击"添加",选择轮廓"封口线55 * 22",可以进一步给定饰条的材质,如图3-3-17所示,此处不再添加,距离输入"1 000",那么墙底1 000高度处将会生成墙饰条,点击"确定",完成墙饰条的添加。

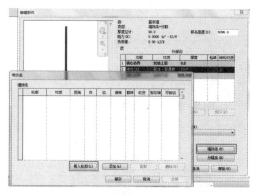

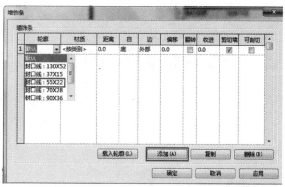

图 3-3-16　载入"墙饰条"轮廓的操作路径　　　图 3-3-17　添加"墙饰条"材质的操作路径

（4）点击编辑部件对话框下方"分隔条"，弹出分隔条编辑对话框，接下来的操作与添加墙饰条相同，这里直接添加"分隔条-砖层：3 匹砖"，自底部距离输入"2 000"，点击"确定"，完成分隔条的添加，如图 3-3-18 所示。

（5）利用我们编辑的墙类型"墙饰条＋分隔条"，创建的墙体三维视图如图 3-3-19 所示。

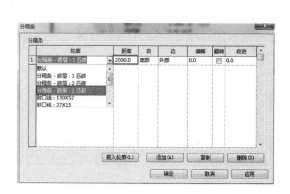

图 3-3-18　添加"分隔条"的操作路径　　　图 3-3-19　添加"墙饰条＋分隔条"后创建的墙体三维视图

## 4. 建筑墙立面编辑

在实际的项目中，设计墙体的立面可能不再是普通的实心长方体的外形，而是具有非常复杂的外立面，那么就可以通过编辑墙体的立面轮廓来满足实际项目的需求。

墙立面编辑

步骤如下：

（1）"建筑"选项卡下点击"墙"，选择建筑墙，打开类型选择器，选择基本墙"常规－90 砖"，进行创建墙体。

（2）三维显示所绘制墙体，如图 3-3-20 所示。切换到"后"视图。"双击"墙体的边缘，进入"修改/编辑轮廓"上下文选项卡，可以进行墙体外立面轮廓的编辑，如图 3-3-21 所示。

（3）根据项目实际情况对外立面轮廓进行修改和编辑，如图 3-3-22 所示。此处轮廓的编辑结果及最终墙体的三维显示，如图 3-3-23 所示。

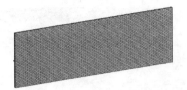

图 3-3-20　墙体三维视图

图 3-3-21　墙体外立面轮廓

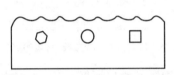

图 3-3-22　立面轮廓的编辑

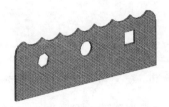

图 3-3-23　编辑外立面轮廓后的墙三维视图

　　无论从前文中墙饰条及分隔条,还有此处的编辑墙外立面,都可以看出,Revit 软件中对于建筑墙功能还是比较强大的,无论实际项目中墙体如何复杂,可以通过 Revit 软件的丰富功能来满足,顺利完成建筑墙的建模。

　　**5. 建筑墙创建零件**

零件功能

　　通过创建零件的功能可以将所创建的建筑墙的构造层次以零件的形式显示,并且对单个零件进行分割等编辑,该功能对实际项目中墙体需要分区域挂接进度以及动态显示时起到重要作用。

　　操作步骤如下:

　　(1)"建筑"选项卡下点击"墙",选择建筑墙,打开类型选择器,选择基本墙"外部-带砖与金属立筋龙骨复合墙",进行创建墙体。

　　(2)三维显示所绘制墙体,只能显示墙体的结构层及内外的面层,如图 3-3-24 所示。点开"编辑类型"查看该墙体的构造层次,该墙体是由很多层构造层次的,而这些层次却显示不出来的,如图 3-3-25 所示。

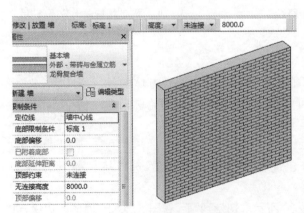

图 3-3-24　墙体的三维视图

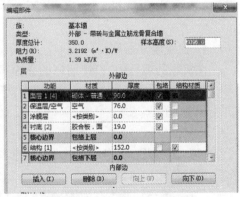

图 3-3-25　墙体的构造层次

　　(3)选中所建墙体,进入"修改/墙"上下文选项卡,点击"创建零件"工具,如图 3-3-26所示。再次点击所建墙体,这样就可以使墙体的各构造层次生成组成"零件",此时所有"零件"均已显示出来,如图 3-3-27 所示,并且每一个"零件"(即每一层)均可以被单独选中进行编辑。

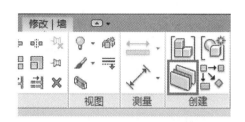
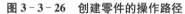

图 3-3-26　创建零件的操作路径

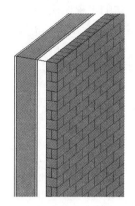

图 3-3-27　创建零件后墙体的三维视图

(4) 将墙体的最外侧面层(红砖层)进行"分割零件"。切换至"北"立面视图,添加参照平面 P1、P2、P3 和 P4(注意此处一定要将四个参照平面命名),如图 3-3-28 所示。切换至三维视图状态,选中墙体最外侧零件(红砖层),进如"修改/组成部分"上下文选项卡,在零件面板中选择"分割零件",进如"修改/分区"上下文选项卡,点击"相交参照"工具,进入"相交命名的参照"对话框,过滤器中选择"参照平面",全选刚刚添加并命名的四个参照平面,点击"确定",再点击"完成编辑模式"即可。墙体的最外侧面层(红砖层)已按照四个参照平面进行了分割,如图 3-3-29 所示。分割完成的"零件"又被分割成了一个个小分区,每一个小分区均可以被单独选中进行编辑分区,比如修改小分区之间的间隙。

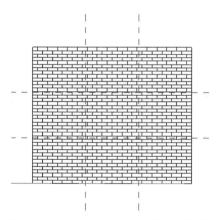

图 3-3-28　北立面中添加四个参照平面

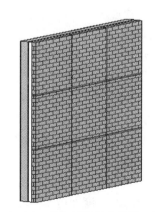

图 3-3-29　最外侧零件分割后三维视图

## 3.3.2　实训基地建筑墙

上文介绍了 Revit 软件中建筑墙的相关功能点,创建建筑墙的相关操作也在介绍功能点时有所涉及。接下来介绍某校实训基地项目中建筑墙的创建方法,该项目中建筑墙分为建筑内墙和建筑外墙,因其装饰做法不同,所以内外墙的创建方法也有不同。

### 1. 建筑墙—外墙

建筑墙在创建之前需要编辑好墙体的类型属性,编辑类型属性时最重要依据是墙体的工程做法,也就是墙体内外的装饰层的做法,由项目图纸中建筑设计说明可知,本项目外墙采用200后煤矸石烧结空心砖,具体内外装饰的做法在工程做法表中可以查到,如图3-3-30所示。

实训基地外墙绘制

| | | | ① 干挂石材系统(具体做法详见专业厂家工艺要求) |
|---|---|---|---|
| 外墙面1 | 石材墙面 | 90 | ② 10厚1:2防水水泥砂浆黏结层(锚固钢丝网一层) |
| | | | ③ 5厚防裂抗渗聚合物砂浆,压入夹耐碱玻纤网格布一层 |
| | | | ④ A级岩棉板,锚栓固定,厚度详见节能专篇 |
| | | | ⑤ 3厚专用胶黏剂 |
| | | | ⑥ 20厚1:3水泥砂浆找平层(防水砂浆) |
| | | | ⑦ 刷界面剂一道,基层墙面 |
| 内墙面1 | 涂料墙面 | 17 | ① 刷白色涂料(暂不施工,由用户二次装修自理) |
| | | | ② 5厚1:0.3:3水泥砂石灰砂浆粉面 |
| | | | ③ 12厚1:1:6水泥石灰砂浆打底 |
| | | | ④ 界面处理剂一道 |

**图3-3-30 设计说明中墙体内外装饰的工程做法**

(1)建筑墙(外墙)的类型属性编辑

① 复制新的建筑墙类型。“建筑”选项卡下点击“墙”,选择建筑墙,打开类型选择器,选择基本墙“常规-200”,点击“编辑类型”进行类型属性对话框,点击“复制”,重命名为:外墙-煤矸石200 mm。

② 更改结构层材质为“煤矸石烧结空心砖”。点击参数类型“结构”的编辑按钮,进入“编辑部件”对话框,结构层厚度200正好符合项目,但需要更改其材质,点击材质选择按钮,进入材质浏览器,因为搜索不到“煤矸石烧结空心砖”材质,需要复制一个类似的材质,然后重命名为“煤矸石烧结空心砖”,接下来进行复制“外观”,“图形”中勾选“使用渲染外观”,更改材质的具体操作前文已有介绍,此处不再赘述。

③ 添加外墙外侧装饰层。由工程做法表中外墙1的工程做法可知:该墙外侧装饰做法共计7层,选中外部边核心边界行,点击“插入”7次,便可插入7个装饰层,接下来逐层更改其功能、材质及厚度即可,详见表3-3-1。

**表3-3-1 外墙外侧的各功能层、材质及厚度**

| 层次 | 功能 | 材质 | 材质选择方法 | 厚度 |
|---|---|---|---|---|
| 1 | 面层 | 旧米黄色石材 | 由大理石复制而来 | 25 |
| 2 | 面层 | 1:2防水水泥砂浆 | 由水泥砂浆复制而来 | 10 |
| 3 | 面层 | 防裂抗渗聚合物砂浆 | 由水泥砂浆复制而来 | 5 |
| 4 | 保温层/空气层 | 岩棉 | 直接搜索岩棉 | 70 |

续　表

| 层次 | 功能 | 材质 | 材质选择方法 | 厚度 |
|---|---|---|---|---|
| 5 | 衬底 | 专用胶粘剂 | 由沥青复制而来 | 3 |
| 6 | 衬底 | 1：3水泥砂浆 | 由水泥砂浆复制而来 | 20 |
| 7 | 涂膜层 | 界面剂 | 由沥青复制而来 | 0 |

注：1. Revit 软件中涂膜层厚度必须是 0 mm；

　　2. 保温层岩棉板的厚度 70 mm 见建筑设计说明中的节能专篇。

其中，最外侧面层"旧米黄色石材"材质添加方法：在材质浏览器中搜索"大理石"，复制大理石材质，重命名为"旧米黄色石材"，复制外观，由于复制而来的大理石外观无论从表面图案，还是颜色来看，均不符合旧米黄色石材的材质要求，所以要更改外观。点击石料"图像"下的连接，便可进入软件自带的图片库，从丰富的图片库中选择合适的即可，如图 3-3-31 所示。若图片库中没有合适的，也可以从网上搜索，保存到桌面上待利用。

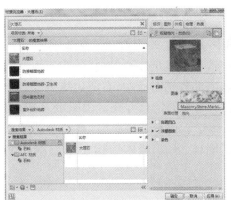

图 3-3-31　更改材质外观的操作路径

与编辑外部装饰的操作相同，选中内部边核心层边界行，点击"插入"4 次，便可插入 4 个内装饰层，接下来逐层更改其功能、材质及厚度即可。对外墙外侧和内侧构造层次编辑之后的结果如图 3-3-32 所示。

（2）建筑墙（外墙）的绘制

① CAD 图纸的导入及定位

图纸导入，在结构模型绘制时已详细介绍，不再赘述。

② 绘制外墙

用上文定义的"外墙-煤矸石 200 mm"墙类型进行绘制项目一层外墙，打开 1F 楼层平面，因为本项目是直行墙，所以采用"直线"的方式进行绘制，绘制时请注意"高度"的状态，也就是墙体应该从室外地坪标高至 2F 标高处，如图 3-3-33 所示。裙楼处外墙应该到 2F-1 标高处，可以先统一按按照至 2F 绘制，之

图 3-3-32　实训基地项目建筑外墙的各构造层次定义结果

后选中裙楼处的墙体,修改实例属性中顶部约束即可。

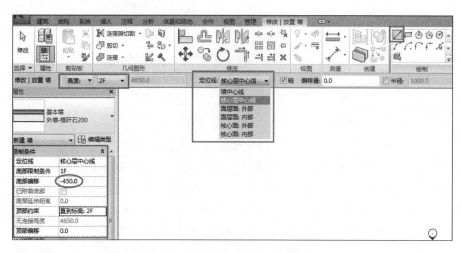

图 3-3-33　实训基地项目建筑外墙绘制的操作路径

　　定位线有六种方式供选择,其中墙中线是指墙体总厚度的中心处(线条①),如图3-3-34所示,核心层中心线是指结构层煤矸石烧结空心砖厚度的中心处(线条②),面层面外部和内部分别对应左、右两边线条④,核心面外部和内部分别对应左、右两边线条③。绘制墙体时定位线的选择需要根据实际情况,选择最合适绘制的定位方式。由图纸可知,由于本项目墙体结构层是200厚煤矸石烧结空心砖墙,属于软件中的核心层,再结合图纸来判断,所以选择定位线为"核心层中心线"进行绘制墙体,沿着墙体结构层中心线绘制即可。

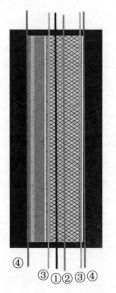

图 3-3-34　六种定位线区分

**注意**　绘制墙体时需要注意的四个问题:

　　① 因为外墙的内外装饰做法是不同的,所以绘制外墙时,务必要注意绘制方向,一般情况下,外墙应该沿着顺时针方向绘制,这样绘制的外墙才会满足按绘制方向左边为外墙外侧,右边为外墙内侧,如图3-3-35所示。

　　② 在门窗的位置墙体应该是连续绘制的,一定不能断开,因为门窗是附着于墙体的,若墙体在没门窗断开的话,门窗是没有办法布置到墙体相应位置上的。

　　③ 绘制过程中遇到建筑柱时,使墙连续绘制即可,建筑柱的装饰将会随着外墙而变动。

　　④ 一层外墙的底标高是室外地坪标高,所以需要更改底部偏移量为—450。

　　实训基地项目一层的外墙绘制完成后的三维显示如图3-3-36所示。

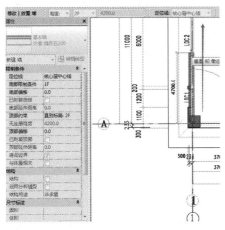 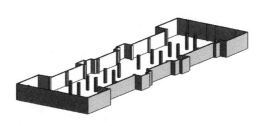

图 3-3-35　绘制墙体的"顺时针"方向　　　图 3-3-36　实训基地项目一层外墙的三维视图

## 2. 建筑墙—内墙

由实训基地项目图纸中建筑设计说明可知,本项目内墙采用 200 厚的加气混凝土砌块,具体的装饰做法在工程做法表中可以查到,如图 3-3-37 所示。

| 内墙面 1 | 涂料墙面 | 17 | ① 刷白色涂料(暂不施工,由用户二次装修自理) |
| | | | ② 5 厚 1∶0.3∶3 水泥砂石灰砂浆粉面 |
| | | | ③ 12 厚 1∶1∶6 水泥石灰砂浆打底 |
| | | | ④ 界面处理剂一道 |

图 3-3-37　内墙面装饰的工程做法

(1)建筑墙(内墙)的类型属性编辑

为了使内墙的类型属性编辑更简便,可以从外墙类型"外墙煤矸石烧结空心砖 200 mm"中复制,重命名为"内墙加气混凝土砌块 200 mm",点击编辑结构类型,在"编辑部件"对话框中修改内墙的构造层次即可,如图 3-3-38 所示。

实训基地内墙绘制

图 3-3-38　实训基地项目建筑内墙的各构造层次定义结果

（2）绘制内墙

用上文定义的"内墙-加气混凝土砌块 200 mm"墙类型进行绘制项目一层内墙，在 1F 楼层平面，采用"直线"的方式进行绘制，绘制时请注意"高度"的状态，也就是墙体应该从 1F 标高至 2F 标高处，总高 4200 mm。裙楼处内墙应该到 2F-1 标高处，总高度为 4800 mm，如图 3-3-39 所示。

**图 3-3-39　实训基地项目建筑内墙的绘制路径**

绘制内墙的方法跟外墙大同小异，同样本着"顺时针"绘制的原则进行，本项目绘制内墙时要注意随时切换合适的定位线，而到底选择哪一种定位线，跟墙体绘制起点的选择有关。如图 3-3-40 所示，若选择的绘制起点是下图中的 1 位置，那么应该以"核心面：外部"为定位线，若选择的绘制起点是下图中的 2 位置，那么应该以"核心面：内部"为定位线，若选择的绘制起点是下图 3 位置，那么应该以"面层面：内部"为定位线。

实训基地项目 1 层的内外墙完成后的三维显示如图 3-3-41 所示：

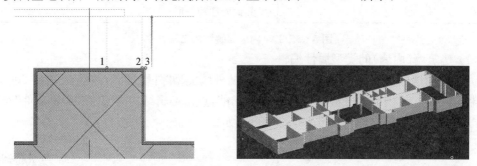

**图 3-3-40　墙体绘制起点与定位线的关系　图 3-3-41　实训基地项目 1 层的内外墙三维视图**

# 3.4　门窗

## 3.4.1　窗族建立

在三维模型中，门窗的模型与它们的平面表达并不是对应的剖切关系，这说明门窗模型与平立面表达可以相对独立。此外，门窗在项目中可以通过修改类型参数，如门窗的宽和高，以及材质等，形成新的门窗类型。门窗主体为墙体，它们对墙具有依附关系，删除墙体，门窗也随之被删除。

在门窗构件的应用中，其插入点、门窗平立剖面的图纸表达、可见性控制等都和门窗族的参数设置有关。所以,不仅需要了解门窗构件的参数修改设置,还需要在族制作课程中深入了解门窗族制作的原理。

**1. 窗族**

例 3-3

【例 3-3】　根据给定的尺寸标注建立"百叶窗"构件集。

(1) 按图中的尺寸建立模型。

(2) 所有参数采用图中的参数名字命名,设置为类型参数,扇叶个数可以通过参数控制,并对窗框和百叶窗百叶赋予合适材质。

(3) 将完成的"百叶窗"载入项目中,插入任意墙面中示意。

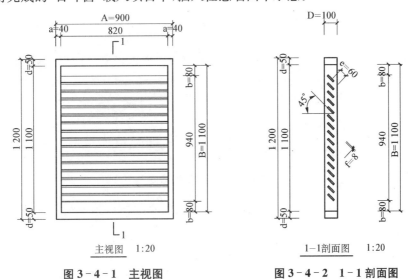

图 3-4-1　主视图　　　　　　图 3-4-2　1-1 剖面图

【分析】　(1) 分别创建百叶族和窗族,并实现百叶族对窗族的嵌套

(2) 实现图中参数的参数化,尤其是参数的嵌套

(3) 百叶和窗框材质的赋予

【建模步骤】　(1) 创建百叶

① 新建族,打开公制常规模型族样板文件,如图 3-4-3 所示。

图 3-4-3　公制常规模型

② 项目浏览器切换至左立面视图,创建选项卡下基准面板上参照平面命令绘制如图

3-4-4所示与平面成45°夹角的两条参照平面。

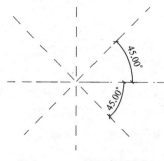

**图3-4-4 绘制参照平面**

"修改|放置参照平面"上下文选项卡下选择绘制面板上拾取线命令,偏移量设为4。如图3-4-5所示。

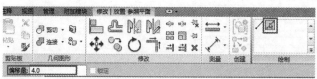

**图3-4-5 拾取线命令**

在绘图区拾取其中一条参照平面,偏移量设为30,在绘图区拾取另外一条参照平面,如图3-4-6所示。

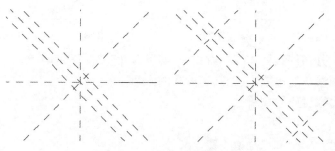

**图3-4-6 绘制参照平面**

对参照平面进行尺寸标注并EQ平分,如图3-4-7所示,最后分别对尺寸标注赋予参数e、f。如图3-4-8所示,"EQ"命令将尺寸平分,可以连续标尺寸,点EQ,将二组尺寸均分。

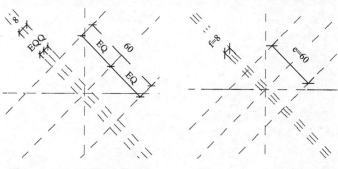

**图3-4-7 尺寸标准并平分**　　　　**图3-4-8 添加参数 e、f**

③ 创建选项卡下选择形状面板上拉伸命令,如图绘制。并通过对齐命令使每条绘制线锁定到对应的参照平面上,勾选绿色√完成拉伸。

④ 切换至参照标高平面视图,选中百叶进行左右拉伸。做参照平面,将百叶左侧对齐锁定到参照标高给定的十字参照平面的垂直平面,另一侧锁定到参照标高上,并对百叶长度赋值 l"赋值 l 的做法"。

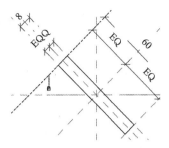

图 3-4-9　拉伸绘制百叶

图 3-4-10　左右拉伸

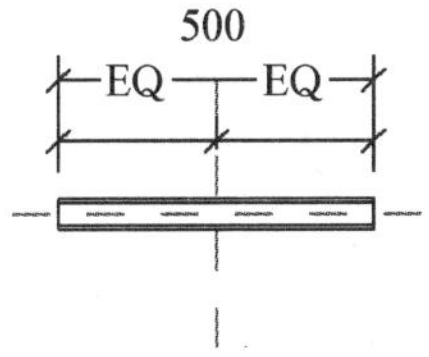

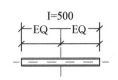

图 3-4-11　尺寸标准并平分

图 3-4-12　添加参数 i

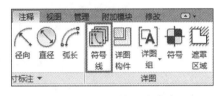

图 3-4-13　符号线命令

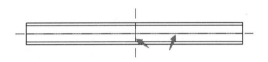

图 3-4-14　绘制符号线

⑤ 选中百叶,在属性对话框中选择材质后的"关联族参数按钮",如图 3-4-15 所示,在关联族参数对话框中单击添加参数,在"参数属性"中输入"百叶材质",单击"确定"。如图 3-4-16 所示,最后保存到桌面命名为百叶。百叶三维视图如图 3-4-17 所示。

图 3-4-15　属性对话框

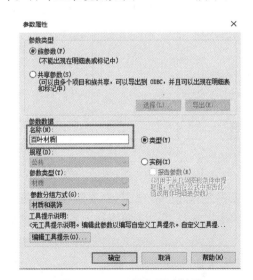

图 3-4-16　添加百叶材质

图 3-4-17　创建百叶

（2）创建窗框

① 新建族，打开公制窗族样板文件，如图 3-4-18 所示，窗样板文件三维视图如图 3-4-19 所示。

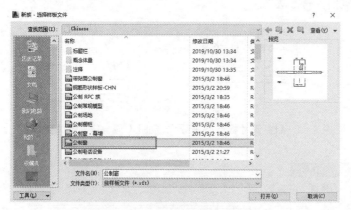

图 3-4-18　公制窗族样板文件

图 3-4-19　公制窗族样板

② 项目浏览器切换至外部立面视图，绘制如图四条参照平面并进行尺寸标注，如图 3-4-20，分别赋予尺寸如图所示的参数 a 和 d，如图 3-4-21 所示。

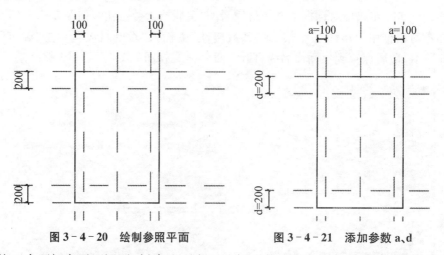

图 3-4-20　绘制参照平面　　　　　图 3-4-21　添加参数 a、d

切换至参照标高平面视图，创建选项卡下选择形状面板上的拉伸命令，修改|创建拉伸上下文选项卡上选择工作平面面板上的设置命令，如图 3-4-22 所示。

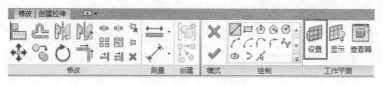

图 3-4-22　设置命令

在工作平面对话框选择拾取一个平面按钮,如图 3 - 4 - 23 所示,到绘图区拾取参照标高切换至外部立面视图,如图 3 - 4 - 24 所示。

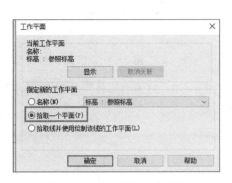

图 3 - 4 - 23　拾取一个平面　　　　图 3 - 4 - 24　切至外部立面

③ 单击"修改│创建拉伸"上下文选项卡下绘制面板上的矩形命令,如图 3 - 4 - 25 所示。

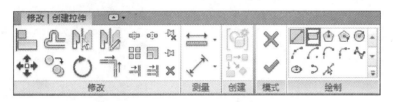

图 3 - 4 - 25　矩形命令

如图 3 - 4 - 26 所示绘制出窗框的内外边界,并对边界线锁定。在属性对话框中分别把拉伸起点和终点设置为 60、-60,如图 3 - 4 - 27 所示。最后单击绿色√完成拉伸,窗框的三维视图如图 3 - 4 - 28 所示。

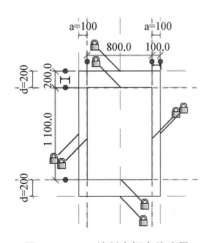

图 3 - 4 - 26　绘制窗框内外边界　　图 3 - 4 - 27　设置拉伸起点和终点　　图 3 - 4 - 28　创建窗框

切换至参照标高平面视图,对窗框进行尺寸标注,并单击 EQ 使窗框基于参照标高平分,如图 3-4-29 所示。然后赋予窗框尺寸标注 120 以 D 这一参数,三维视图如图 3-4-30 所示。

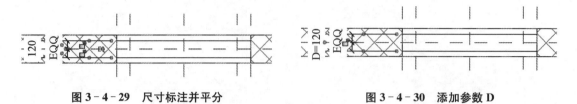

图 3-4-29 尺寸标注并平分　　　　　　　　图 3-4-30 添加参数 D

④ 切至三维视图,打开族类型对话框,如图 3-4-31 所示,分别按题目所示尺寸对族类型中的参数进行验证,三维视图如图 3-4-32 所示。

图 3-4-31 族类型对话框　　　　　　　　图 3-4-32 窗框

⑤ 切换至外部立面视图,绘制如图两条参照平面如图 3-4-33 所示并进行尺寸标注,赋予尺寸如图 3-4-34 所示同一参数 b。

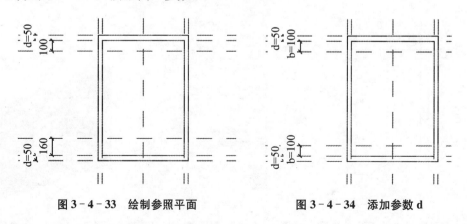

图 3-4-33 绘制参照平面　　　　　　　　图 3-4-34 添加参数 d

在属性对话框中,按题目尺寸对参数 b 进行验证,如图 3-4-35、3-4-36 所示。

图 3 - 4 - 35 族类型对话框

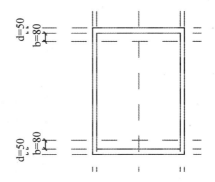

图 3 - 4 - 36 验证参数 b

（3）窗框中插入百叶

① "插入"选项卡下选择"从库中载入"面板上的"载入族"命令,将桌面的"百叶族"载入到当前窗族,如图 3 - 4 - 37 所示。

图 3 - 4 - 37 载入族命令

切换至参照标高平面视图,"创建"选项卡下选择"模型"面板上的"构件"命令,如图 3 - 4 - 38所示,将"百叶族"调取出来放置在窗族的中心位置,如图 3 - 4 - 39 所示。

图 3 - 4 - 38 构件命令

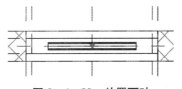

图 3 - 4 - 39 放置百叶

切换至外部立面视图,修改选项卡下选择修改面板上的对齐命令使百叶下边界对齐到图示参照平面上并锁定,如图 3 - 4 - 40 所示。

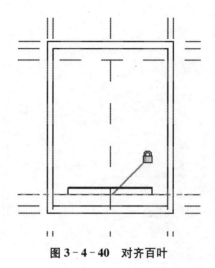

图 3-4-40 对齐百叶

② 阵列百叶

选中百叶,"修改|常规模型"上下文选项卡下选择"修改"面板上的"阵列"命令,如图 3-4-41、3-4-42 所示,设置选项栏,选择百叶上边界中点单击作为阵列基点,选择图示参照平面中点作为阵列"最后一个"单击完成阵列,如图 3-4-44 所示。

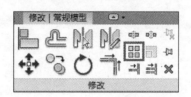

图 3-4-41 阵列命令

图 3-4-42 项目数设为 15

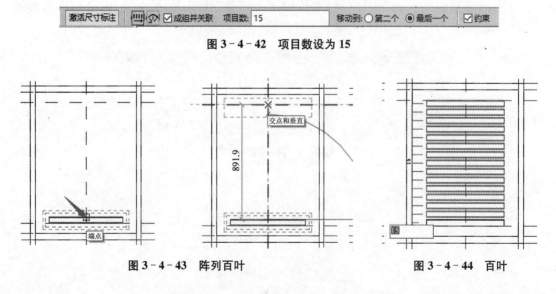

图 3-4-43 阵列百叶　　　　图 3-4-44 百叶

③ 选择对齐命令,分别把最上方一个百叶和最下方一个百叶对齐到左侧的参照平面并锁定,如图 3-4-45 所示。

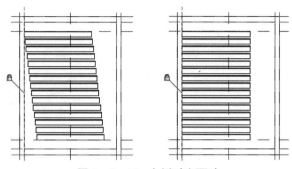

图 3 - 4 - 45　左侧对齐百叶

④ 对百叶进行参数化设置

(i) 选择一个百叶组,把鼠标放在阵列数 15 上,通过 tab 切换选中阵列数,如图 3 - 4 - 46 所示,在上方标签处添加参数,在参数属性对话框中,设置名称为 n、参数分组方式设置为尺寸标注,单击确定,如图 3 - 4 - 47 所示。

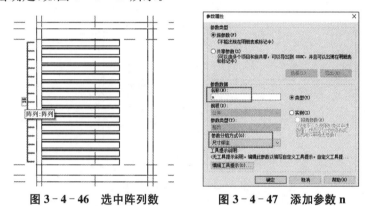

图 3 - 4 - 46　选中阵列数　　　　图 3 - 4 - 47　添加参数 n

(ii) 把鼠标放在一个百叶上,通过 tab 键选中百叶,打开其"类型属性"对话框,单击百叶材质后方的"关联族参数"按钮,如图 3 - 4 - 48 所示,在关联族参数对话框中单击"添加参数",在参数属性对话框设置名称为百叶材质,单击确定,实现百叶材质由百叶族关联到窗族上,如图 3 - 4 - 49 所示。

图 3 - 4 - 48　百叶类型属性对话框　　图 3 - 4 - 49　关联百叶材质

同理,然后依次把百叶的 e、f、l 三个百叶参数关联到窗族上,如图 3 - 4 - 50 所示。打开族类型对话框,百叶材质、e、f、l 参数都关联到窗族上,如图 3 - 4 - 51 所示。

图 3-4-50 关联参数 e、f、i　　图 3-4-51 族类型对话框

（4）添加参数 A、B、窗框材质

切换至外部立面视图,尺寸标注图示尺寸并赋予参数 B 如图 3-4-52 所示。

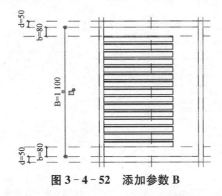

图 3-4-52 添加参数 B

切换至参照标高平面视图,选择"宽度＝900 尺寸标注",通过"添加新参数"将其改为 A＝900。打开族类型对话框,在 l 后方编辑公式＝A－2＊a,单击确定,如图 3-4-53 所示。

注意:参数调试的时候,一定要将参数从小到大,再从大到小进行调试,有时会出现,由小到大可以驱动模型,而不能实现从大到小的驱动。

图 3-4-53 编辑公式

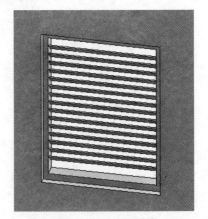

图 3-4-54 百叶窗

百叶窗三维视图如图 3-4-54 所示。

最后选择窗框,单击属性对话框上材质后方的"关联族参数"按钮,添加参数,名称为窗框材质,单击确定,如图 3-4-55 所示。

图 3-4-55　添加窗框材质

在族类型对话框中分别设置百叶材质、窗框材质为铝和柚木,如图 3-4-56 所示,视觉样式:真实显示如下图 3-4-57 所示。最后保存到桌面百叶窗。

图 3-4-56　设置材质

图 3-4-57　百叶窗

(5)验证百叶窗

新建一个建筑项目,在绘图区任意位置绘制一面建筑墙,然后将桌面上的百叶窗族载入到该项目中,放置在墙上,如下图 3-4-58 所示。

图 3-4-58 将百叶窗放在墙上

### 3.4.2 门族建立

以实训基地项目单扇门、双扇门建立为例。

【例 3-4】 绘制如图 3-4-59 所示的单扇门。

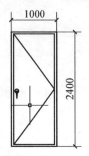

例 3-4

| 编号 | M3 |
|---|---|
| 洞口尺寸(高×宽) | 1 000×2 400 |
| 备注 | 成品木门 |

图 3-4-59 单扇门

【分析】 (1)可选用公制门或基于墙的公制常规模型族样板文件。

(2)门把手对于门族的嵌套。

(3)门的平、立面表达。

【建模步骤】

(1)新建族,打开公制门族样板文件。如图 3-4-60 所示,打开之后,门族的三维视图如图 3-4-61 所示。

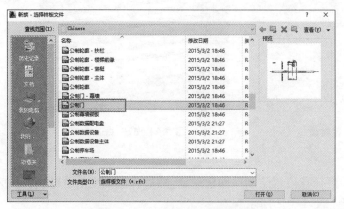

图 3-4-60 公制门族样板文件

图 3-4-61 公制门

（2）项目浏览器切换至内部立面视图,创建选项卡下选择形状面板上的拉伸命令,在修改|创建拉伸上下文选项卡下选择绘制面板上的"矩形"命令。

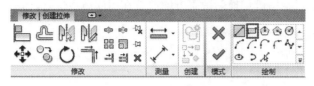

图 3 - 4 - 62　矩形命令

如图 3 - 4 - 63 所示绘制门板,并将门板边界锁定到对应的参照平面上。点击绿色√,完成门板的创建。

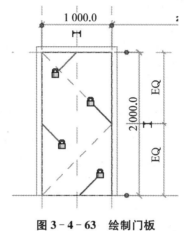

图 3 - 4 - 63　绘制门板

切换至参照标高平面视图,选择门板,在属性对话框中设置拉起为-25 终点为 25。选择修改选项卡下修改面板上的"对齐"命令,将门板内部边界线对齐到对应的参照平面上并锁定,如图 3 - 4 - 64 所示。

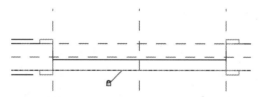

图 3 - 4 - 64　门板内部边界线对齐到参照平面

对门板厚度进行尺寸标注,并赋予参数"厚度",如图 3 - 4 - 65 所示。

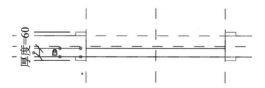

图 3 - 4 - 65　尺寸标注并赋予厚度参数

（3）"插入"选项卡下选择"从库中载入"面板上的"载入族"命令，按照建筑→门→门构件→把手的路径载入门把手族。"创建"选项卡下选择"模型"面板上的"构件"命令，如图3-4-66所示调取门把手族通过空格键切换门把手方向放置在门族适当位置，如图3-4-67所示。

图3-4-66　构建命令调取门把手　　　　图3-4-67　放置门把手

选择"修改"选项卡下修改面板上的"对齐"命令，将门把手内部边界线对齐到对应的参照平面上并锁定，如图3-4-68所示。

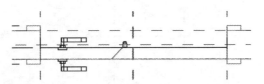

图3-4-68　门把手内部边界线对齐参照平面

选中门把手，打开其"类型属性"对话框，将门把手的面板厚度关联到门板厚度参数上，从而实现门把手与门板的完全贴合，如图3-4-69、3-4-70所示。

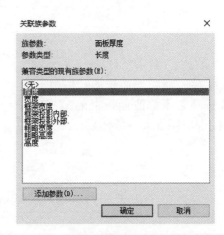

图3-4-69　门把手类型属性对话框　　图3-4-70　门把手的面板厚度关联到门板厚度

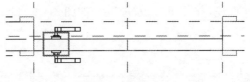

图3-4-71　关联后的门把手

（4）切换至内部立面视图，选择门把手，单击属性对话框上偏移量后方的关联族参数按钮，添加参数门把手高度，单击确定。

图 3-4-72　门锁属性对话框

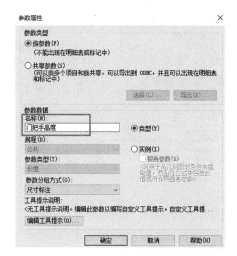

图 3-4-73　添加门把手高度

尺寸标注门把手中心线到左侧参照平面的距离,并给该尺寸赋予参数门把手到门框的距离,如图 3-4-74 所示。

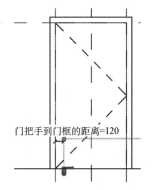

图 3-4-74　赋予参数门把手到门框的距离

打开族类型对话框,验证参数门把手到门框的距离、门把手高度这两个参数。

图 3-4-75　族类型对话框

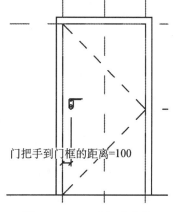

图 3-4-76　验证族参数

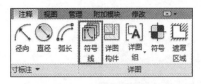

图 3-4-77　符号线命令

（5）切换至参照标高平面视图,注释选项卡下选择详图面板上的"符号线"命令。

用矩形绘制图示门板的形状,并将矩形的上边界和右边界锁定到对应的参照平面上。对该门板形状进行尺寸标注,并分别赋予厚度、宽度两个参数,如图 3-4-79 所示。

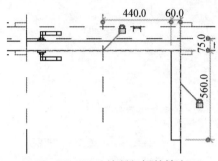

图 3-4-78　绘制门板并锁定

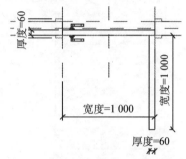

图 3-4-79　尺寸标注并赋予参数

注释选项卡下选择详图面板上的符号线命令,用圆心-端点弧绘制门板的开启方向并进行锁定,如图 3-4-80、3-4-81 所示。

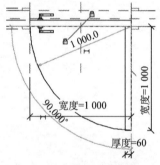

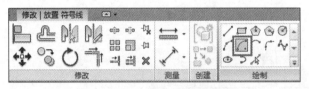

图 3-4-80　圆心-端点弧命令

图 3-4-81　绘制门板开启方向

打开族类型对话框,验证宽度、厚度两个参数,模型实现对应的联动变化,如图 3-4-82、3-4-83 所示。

图 3-4-82　族类型对话框

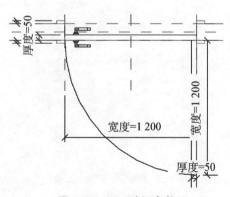

图 3-4-83　验证参数

（6）选择门把手，打开修改|门上下文选项卡下的可见性设置对话框，对门把手在不同视图和不同详细程度下的显示进行设置。

图 3-4-84　可见性设置命令

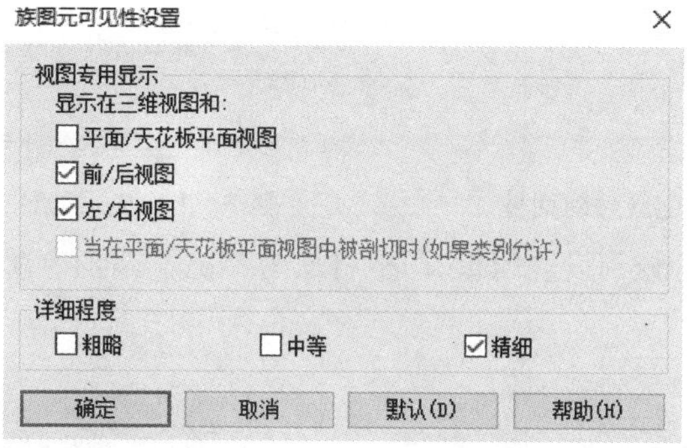

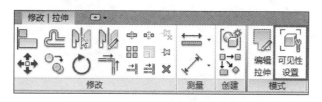

图 3-4-85　不同视图和不同详细程度下的显示设置

选择门板，打开修改|拉伸上下文选项卡下的可见性设置对话框，对门板在不同视图和不同详细程度下的显示进行设置。

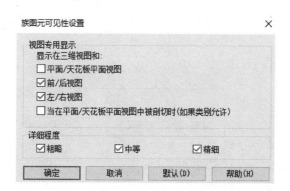

图 3-4-86　可见性设置命令

图 3-4-87　不同视图和不同详细程度下的显示设置

（7）选择门框，添加参数门框材质，同样的操作选择门板，添加参数门板材质。

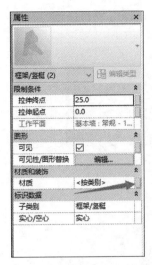

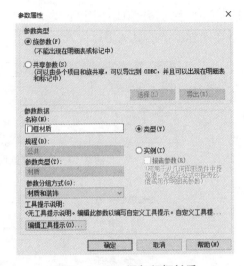

图 3-4-88　门框属性对话框　　　　图 3-4-89　添加门框材质

打开族类型对话框,分别设置门板、门框材质为樱桃木、柚木,真实模式下显示如下。

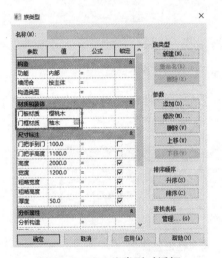

图 3-4-90　族类型对话框　　　　图 3-4-91　单扇门

【例 3-5】　绘制如图所示的双扇门

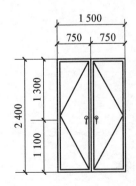

| 编号 | M2 |
|---|---|
| 洞口尺寸(宽×高) | 1 500×2 400 |
| 备注 | 成品木门 |

例 3-5

图 3-4-92　双扇门

【分析】　（1）可选用公制门或基于墙的公制常规模型族样板文件。

（2）门把手对于门族的嵌套。

（3）门的平、立面表达。

**【建模步骤】**

（1）新建族，打开公制门族样板文件。

 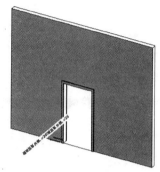

图 3-4-93　公制门族样板文件　　　　图 3-4-94　公制门

（2）项目浏览器切换至内部立面视图，创建选项卡下选择形状面板上的拉伸命令，在修改|创建拉伸上下文选项卡下选择绘制面板上的矩形命令。

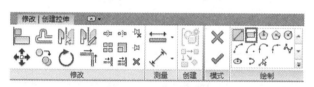

图 3-4-95　矩形命令

如图所示绘制一扇门板，并将门板边界锁定到对应的参照平面上。点击绿色√，完成该门板的创建。同样的操作绘制另一扇门板

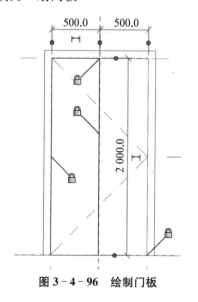

图 3-4-96　绘制门板

切换至参照标高平面视图,依次选择两扇门板,在属性对话框中设置拉伸终点均为一60。选择修改选项卡下修改面板上的对齐命令,将两扇门板内部边界线均对齐到对应的参照平面上并锁定。对两扇门板厚度进行尺寸标注,并赋予参数厚度。

**图 3-4-97 尺寸标注并添加厚度参数**

(3) 插入选项卡下选择从库中载入面板上的载入族命令,按照建筑、门、门构件、把手的路径载入门把手族。创建选项卡下选择模型面板上的构件命令调取门把手族通过空格键切换放置在门族适当位置。

**图 3-4-98 构件命令调取门把手**

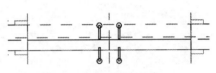

**图 3-4-99 放置门把手**

选择修改选项卡下修改面板上的对齐命令,将两个门把手内部边界线对齐到对应的参照平面上并锁定。

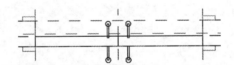

**图 3-4-100 门把手内部边界线对齐参照平面并锁定**

依次选择门把手,打开其属性对话框,将门把手的面板厚度关联到门板厚度参数上,从而实现门把手与门板的完全贴合。

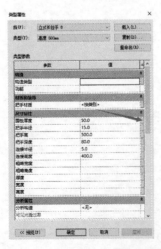

**图 3-4-101 门把手属性对话框**

**图 3-4-102 门把手的面板厚度关联到门板厚度**

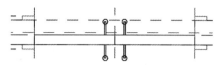

图 3 - 4 - 103　关联后的门把手

（4）切换至内部立面视图，依次选择门把手，单击属性对话框上偏移量后方的关联族参数按钮，添加参数门把手高度，单击确定。

图 3 - 4 - 104　门把手属性对话框

图 3 - 4 - 105　添加门把手高度

依次尺寸标注门把手中心线到门中心参照平面的距离，并给该尺寸赋予参数门把手到门框的距离。

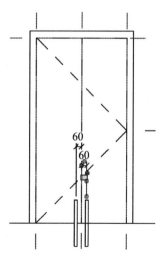

图 3 - 4 - 106　尺寸标注并添加参数

打开族类型对话框，验证参数门把手到门框的距离、门把手高度这两个参数。

图 3-4-107 族类型对话框

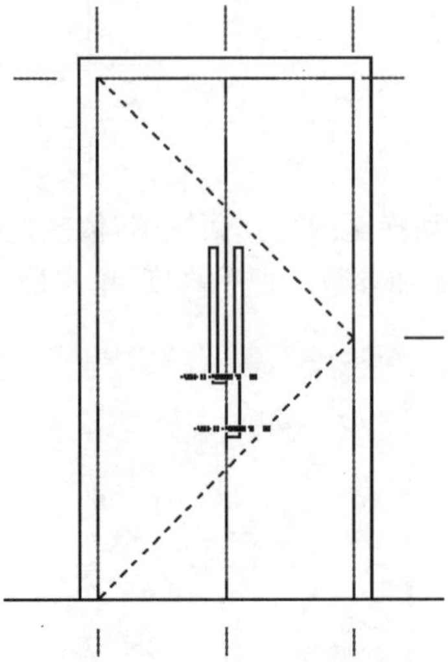

图 3-4-108 验证参数

（5）切换至参照标高平面视图，注释选项卡下选择详图面板上的符号线命令。

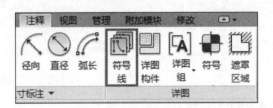

图 3-4-109 符号线命令

用矩形绘制图示两个门板的形状，并将矩形的上边界和右边界锁定到对应的参照平面上。

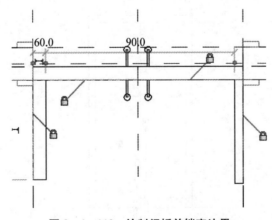

图 3-4-110 绘制门板并锁定边界

对两个门板形状进行尺寸标注，并分别赋予厚度、宽度/2 两个参数。打开族类型对话框，设置宽度/2 的公式为宽度/2，单击确定。

图 3-4-111　族类型对话框

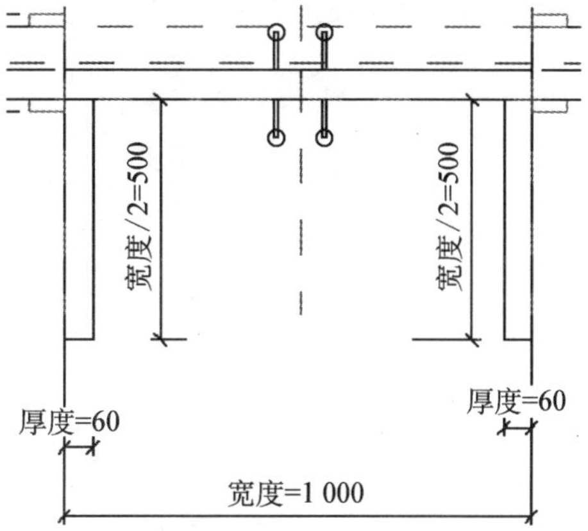

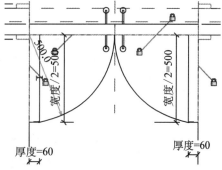

图 3-4-112　验证参数

注释选项卡下选择详图面板上的符号线命令,用圆心-端点弧绘制门板的开启方向并进行锁定。

图 3-4-113　圆心-端点弧命令

图 3-4-114　绘制门开启方向并锁定

打开族类型对话框,验证宽度、厚度两个参数,模型实现对应的联动变化。

图 3-4-115　族类型对话框

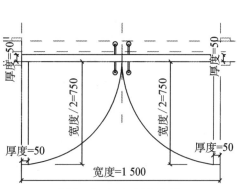

图 3-4-116　验证参数

（6）依次选择门把手,打开修改|门上下文选项卡下的可见性设置对话框,对门把手在不同视图和不同详细程度下的显示进行设置。

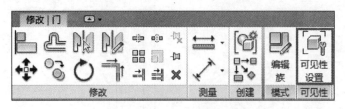

图 3-4-117　可见性设置

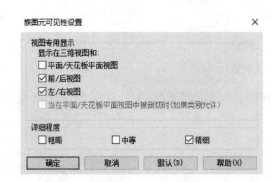

图 3-4-118　不同视图和不同详细程度下的显示设置

选择门板,打开修改|拉伸上下文选项卡下的可见性设置对话框,对门板在不同视图和不同详细程度下的显示进行设置。

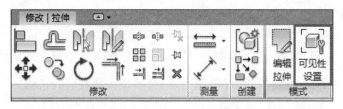

图 3-4-119　可见性设置

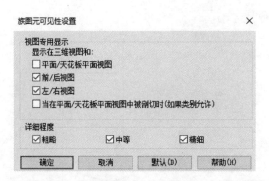

图 3-4-120　不同视图和不同详细程度下的显示设置

（7）选择门框,添加参数门框材质,同样的操作选择门板,添加参数门板材质。

图 3 - 4 - 121　属性对话框

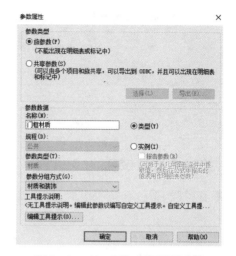

图 3 - 4 - 122　添加门框材质参数

打开族类型对话框,分别设置门板、门框材质为樱桃木、柚木,真实模式下显示如下。

图 3 - 4 - 123　族类型对话框

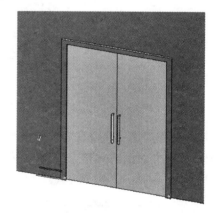

图 3 - 4 - 124　双扇门

### 3.4.3　实训基地门窗族建立

见二维码

### 3.4.4　实训基地门窗绘制

见二维码

实训基地门窗族建立　　实训基地门窗绘制

## 3.5　楼梯

楼梯作为解决建筑空间垂直交通工具,是建筑设计中一个非常重要的构件。在 Revit Architecture 2016 中提供了楼梯(按构件)和楼梯(按草图)两种建模方式。楼梯(按构件)方式常用于创建标准的常规楼梯,而楼梯(按草图)方式则用于创建异形楼梯,如图 3 - 5 - 1 所示。

图 3-5-1 楼梯命令

### 3.5.1 按构件创建楼梯

楼梯一般有梯段、平台和扶手组成,其中扶手会在楼梯创建时自动生成,如图 3-5-2 所示。

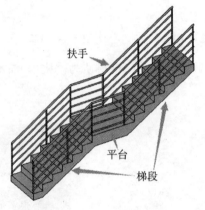

图 3-5-2 楼梯的组成

按构件创建楼梯的梯段有五种标准形式,分别是直梯、全踏步螺旋、圆心-端点螺旋、L 形转角、U 形转角,如图 3-5-3 所示。按构件创建楼梯的平台有拾取梯段创建和创建草图生成两种形式,如图 3-5-4 所示。

图 3-5-3 梯段的五种标准形式

图 3-5-4 平台的两种形式

#### 1. 直梯的创建

建筑选项卡下楼梯坡道面板上,选择楼梯下拉列表中的楼梯(按构件)命令,进入"修改|创建楼梯"的上下文选项卡,如图 3-5-5 所示。

图 3-5-5 梯段命令

设置梯段宽度、限制条件、踢面数、踏板深度等参数,如图 3-5-6 所示;现场浇注楼梯底部标高为标到顶部标高为标高 2 所需的楼梯高度为 4 m,所需踢面数为 23,实际踏板深度为 280"即为踏步宽度"。

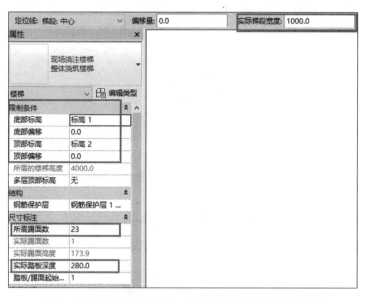

**图 3-5-6　设置梯段宽度、限制条件、踢面数、踏板深度**

单击直梯命令,如图 3-5-7 所示在绘图区单击确定起跑位置线,沿直线绘制,当踢面数显示剩余为 0 时,单击确定起跑终点线,如图 3-5-8 所示。

**图 3-5-7　直梯命令**

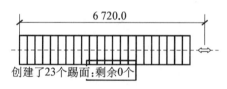

**图 3-5-8　绘制直梯**

最后勾选绿色√完成直梯的创建,三维视图如图 3-5-9 所示。

**图 3-5-9　创建直梯**

单击选中直梯,进入"修改|楼梯"的上下文选项卡,单击"编辑楼梯"命令进入楼梯的编辑状态,如图 3-5-10 所示,单击"翻转"命令可实现楼梯方向的翻转,如图 3-5-11 所示。

图 3 - 5 - 10　编辑楼梯命令

图 3 - 5 - 11　翻转命令

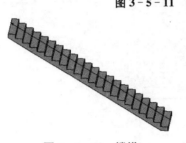

图 3 - 5 - 12　楼梯

## 2. 双跑楼梯的创建

"建筑"选项卡下"楼梯坡道"面板上,选择"楼梯"下拉列表中的"楼梯(按构件)命令",进入"修改 | 创建楼梯"的上下文选项卡,设置梯段宽度、限制条件、踢面数、踏板深度等参数,如图 3 - 5 - 13 所示。

图 3 - 5 - 13　设置梯段宽度、限制条件、踢面数、踏板深度

单击"直梯"命令,如图 3 - 5 - 14 所示,在绘图区单击确定第一个梯段的起跑位置线,沿直线绘制一半踢面后单击确定第一个梯段的起跑终点线,如图 3 - 5 - 15 所示。

图 3 - 5 - 14　直梯命令

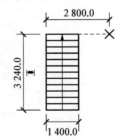

图 3 - 5 - 15　绘制第一个梯段

将鼠标移动至与第二点的对齐线出现时,如第 3 点的位置处单击确定第二个梯段的起跑位置线,沿直线绘制完剩余踢面后单击确定第二个梯段的起跑终点线,如图 3-5-16 所示,最后勾选绿色√完成双跑楼梯的创建,三维视图如图 3-5-17 所示。

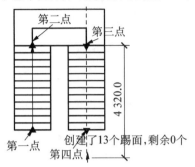

图 3-5-16　绘制第二个梯段　　　　图 3-5-17　创建双跑楼梯

如果需要修改平台的宽度,首先单击选中双跑楼梯,进入"修改|楼梯"的上下文选项卡,单击编辑楼梯命令进入楼梯的编辑状态,如图 3-5-18 所示。

图 3-5-18　编辑楼梯命令

选中平台,更改临时尺寸来修改平台宽度,如图 3-5-19 所示,或者通过拖动手柄修改平台宽度,如图 3-5-20 所示,最后勾选绿色√完成双跑楼梯的创建。

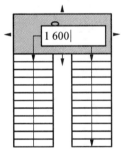

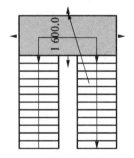

图 3-5-19　临时尺寸修改平台宽度　　　图 3-5-20　拖动手柄修改平台宽度

如果需要在双跑楼梯上添加平台,首先单击选中双跑楼梯,进入"修改|楼梯"的上下文选项卡,单击编辑楼梯命令进入楼梯的编辑状态,如图 3-5-21 所示。

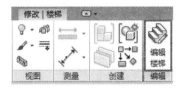

图 3-5-21　编辑楼梯命令

在"修改|创建楼梯"上下文选项卡下选择"平台"中的"创建草图"命令,如图 3-5-22 所示。

**图 3-5-22  创建草图命令**

调取"修改|创建楼梯-绘制平台"上下文选项卡下边界中的矩形命令,如图 3-5-23 所示。

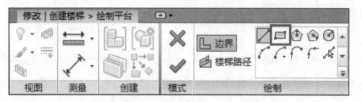

**图 3-5-23  矩形命令**

在第二个梯段的终点处绘制平台,如图 3-5-24 所示。

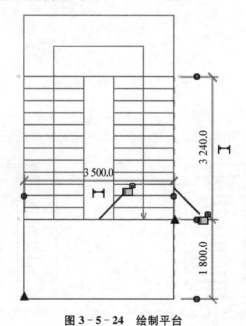

**图 3-5-24  绘制平台**

勾选绿色√完成平台的创建,如图 3-5-25 所示;再次最后勾选绿色√完成双跑楼梯的创建,如图 3-5-26 所示。

**图 3-5-25  勾选绿色√完成平台的创建**

图 3 - 5 - 26　勾选绿色√完成双跑楼梯的创建

### 3. 弧形楼梯的创建

弧形楼梯绘制

弧形楼梯梯段绘制有"全踏步螺旋"和"圆心-端点螺旋"两种方式来实现。

（1）全踏步螺旋梯段绘制

在项目浏览器中切换至任一楼层平面视图，"建筑"选项卡下"工作平面"面板上，单击"参照平面"命令，如图 3 - 5 - 27 所示，在绘图区绘制一参照平面（线）作为弧形楼梯的起跑位置线的参照，如图 3 - 5 - 28 所示。

图 3 - 5 - 27　参照平面命令

图 3 - 5 - 28　绘制参照平面

"建筑"选项卡下"楼梯坡道"面板上，选择"楼梯"下拉列表中的"楼梯（按构件）命令"，进入"修改|创建楼梯"的上下文选项卡，设置"梯段宽度"、"限制条件"、"踢面数"、"踏板深度"等参数，如图 3 - 5 - 29 所示。

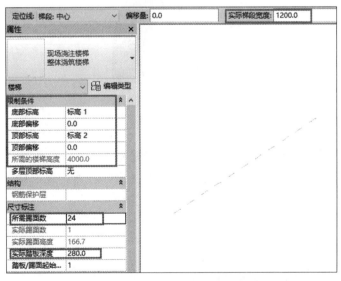

图 3 - 5 - 29　设置梯段宽度、限制条件、踢面数、踏板深度

单击梯段中的全踏步螺旋命令在绘图区的参照平面上单击确定弧形梯段的圆心，如图 3 - 5 - 30 所示。

图 3-5-30　全踏步螺旋命令

接着把鼠标放在参照平面上,输入弧形梯段半径值后按 Enter 键,最后勾选绿色√完成弧形楼梯的创建。如图 3-5-31 所示,选中楼梯中心线,激活半径尺寸,可修改尺寸,如图 3-5-32 所示,弧形楼梯三维视图如下图 3-5-33 所示。

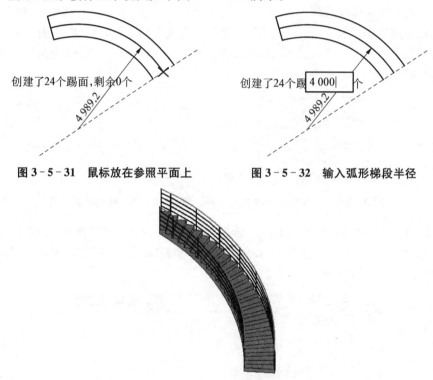

图 3-5-31　鼠标放在参照平面上　　　图 3-5-32　输入弧形梯段半径

图 3-5-33　创建弧形楼梯

（2）圆心-端点梯段绘制

在项目浏览器中切换至任一楼层平面视图,建筑选项卡下工作平面面板上,单击参照平面命令,如图 3-5-34 所示,在绘图区绘制一参照平面(线)作为弧形楼梯的起跑位置线的参照,如图 3-5-35 所示。

图 3-5-34　参照平面命令

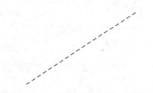

图 3-5-35　绘制参照平面

"建筑"选项卡下"楼梯坡道"面板上,选择楼梯下拉列表中的"楼梯(按构件)命令",进入"修改|创建楼梯"的上下文选项卡,设置梯段宽度、限制条件、踢面数、踏板深度等参数,如图3-5-36所示。

图 3-5-36　设置梯段宽度、限制条件、踢面数、踏板深度

单击梯段中的圆心-端点"螺旋"命令,如图3-5-37所示,在绘图区的参照平面上单击确定弧形梯段的圆心,如图3-5-38所示。

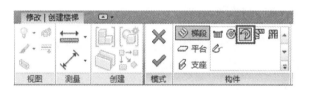

图 3-5-37　圆心-端点螺旋命令

接着把鼠标放在参照平面上,输入弧形梯段半径值后按 Enter 键,如图3-5-39所示。

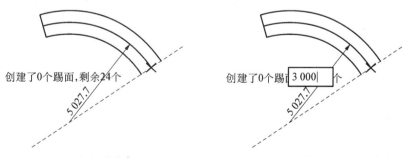

图 3-5-38　鼠标放在参照平面上　　　图 3-5-39　输入弧形梯段半径

沿弧线绘制部分踢面后单击确定第一个梯段的起跑终点线,如图3-5-40所示。再次单击圆心位置,沿原有弧形单击确定第二个梯段的起跑位置线,沿弧形原有方向绘制完剩余

踢面后按 Enter 键确定,如图 3-5-41 所示。

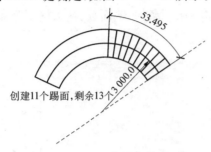

创建11个踢面,剩余13个

**图 3-5-40 绘制第一个梯段**

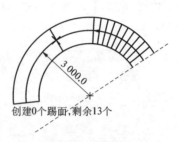

创建0个踢面,剩余13个

**图 3-5-41 绘制第二个梯段**

最后勾选绿色√完成带平台的弧形楼梯的创建,弧形楼梯三维视图如图 3-5-42 所示。

**图 3-5-42 创建弧形楼梯**

### 3.5.2 (按草图)创建楼梯

楼梯(按草图)主要用于异形楼梯的创建。异形楼梯的创建方式有两种,一种是绘制边界和踢面,另一种是编辑常规梯段的边界和踢面。

#### 1. 绘制边界和踢面

"建筑"选项卡下"楼梯坡道"面板上,选择"楼梯"下拉列表中的"楼梯(按草图)"命令,进入"修改|创建楼梯草图"的上下文选项卡单击"边界"中的相关命令,如图 3-5-43 所示,在绘图区绘制楼梯边界线,如图 3-5-44 所示。

**图 3-5-43 边界命令**

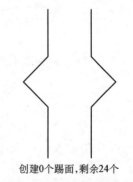

创建0个踢面,剩余24个

**图 3-5-44 绘制异形边界**

单击"踢面"中的相关命令,如图 3-5-45 所示,在绘图区绘制踢面线,最后勾选绿色√完成楼梯的创建,如图 3-5-46 所示,三维视图如图 3-5-47 所示。

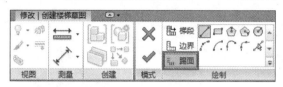

图 3-5-45　踢面命令

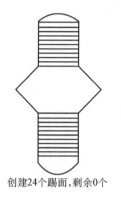

创建24个踢面,剩余0个

图 3-5-46　绘制踢面

图 3-5-47　创建异性楼梯

### 2. 编辑常规梯段的边界和踢面

"建筑"选项卡下"楼梯坡道"面板上,选择"楼梯"下拉列表中的"楼梯(按草图)"命令,进入"修改|创建楼梯草图"的上下文选项卡,单击"梯段"中相关命令,如图 3-5-48 所示绘制一个常规梯段,如图 3-5-49 所示。

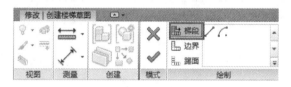

图 3-5-48　梯段命令

单击梯段边界点击 delete 键删除,调取边界中相关命令重新绘制梯段边界,如图 3-5-50 所示。

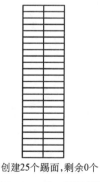

创建25个踢面,剩余0个

图 3-5-49　常规梯段

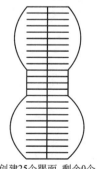

创建25个踢面,剩余0个

图 3-5-50　绘制异形边界

单击梯段部分,删除部分梯面,调取踢面中相关命令重新绘制踢面,如图 3-5-51 所示。最后勾选绿色√完成楼梯的创建,如图 3-5-52 所示。

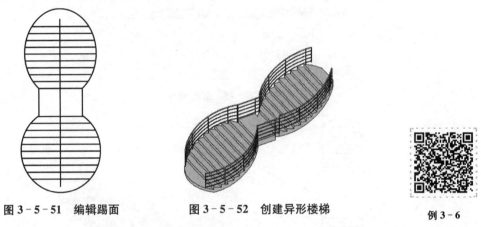

图 3-5-51　编辑踢面　　　图 3-5-52　创建异形楼梯

例 3-6

**【例 3-6】**　　根据图纸创建楼梯与扶手,楼梯构造与扶手样式如下图 3-5-53 所示。顶部扶手为直径 40 mm 圆管,其余扶栏为直径 30 mm 圆管,栏杆扶手的标注均为中心间距。

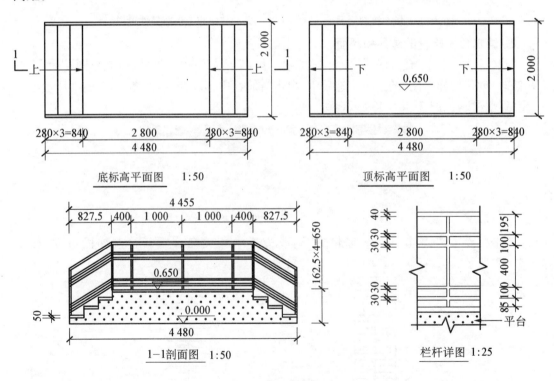

图 3-5-53　楼梯图纸

**【分析】**　(1)楼梯的绘制。

(2)栏杆扶手的绘制

**【建模步骤】**

1. 新建一个建筑项目。项目浏览器切换至"南"立面视图,把标高 2 的高度修改为 0.65。

切换至标高1楼层平面视图,绘制如图3-5-54所示的参照平面。

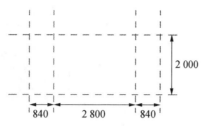

图3-5-54　绘制参照平面

2. "建筑"选项卡下选择"楼梯(按构件)"命令,属性对话框中选择"整体浇筑楼梯"类型,设置"定位线"为"梯段左"、梯段宽度"2 000"、踢面数"4"、踏步深度"280",如图3-5-55所示。

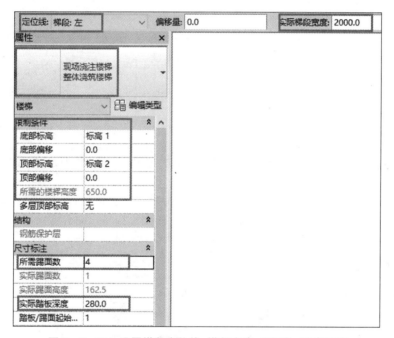

图3-5-55　设置梯段定位线、梯段宽度、踢面数、踏步深度

然后选择梯段中的直梯在绘图区绘制梯段,如图3-5-56所示。

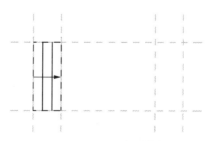

图3-5-56　绘制梯段

选择"平台"上的"创建草图"命令,如图3-5-57所示,按图3-5-58所示绘制休息平台,点击绿色√完成休息平台的创建。

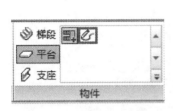

图 3-5-57　创建草图命令

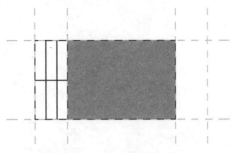

图 3-5-58　绘制休息平台

选中绘制好的梯段,通过"镜像-绘制轴"命令,如图 3-5-59 所示,"镜像"到休息平台另一端如图 3-5-60 所示,最后点击绿色√完成楼梯创建,如图 3-5-61 所示。

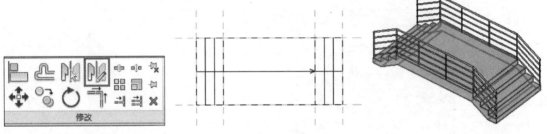

图 3-5-59　镜像-绘制轴命令　　　图 3-5-60　创建另一梯段　　　图 3-5-61　创建楼梯

3. 选中楼梯,打开"类型属性"对话框中的"平台类型"对话框,修改平台"整体厚度"为"650",如图 3-5-62 所示。修改平台后的三维视图如图 3-5-63 所示。

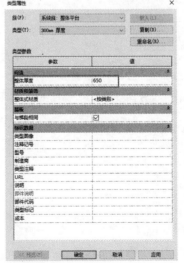

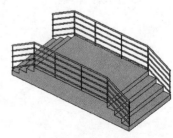

图 3-5-62　修改平台整体厚度　　　　　　　图 3-5-63　楼梯

选中楼梯,打开类型属性对话框中的梯段类型对话框,勾选踏板,并设置踏板厚度为 50,如图 3-5-64 所示。三维视图如图 3-5-65 所示。

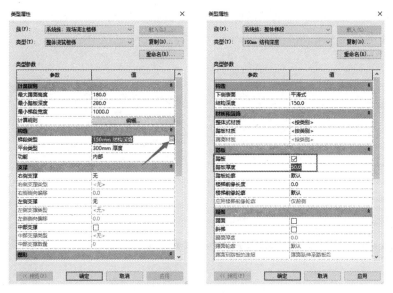

图 3 - 5 - 64　设置踏板厚度

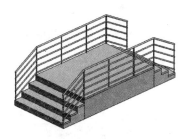

图 3 - 5 - 65　楼梯

4. 选中栏杆扶手,打开"类型属性"对话框,设置"顶部扶栏"的高度为"900"、"类型"为"圆形－40 mm",如图 3 - 5 - 66 所示。

图 3 - 5 - 66　设置顶部扶栏

然后单击"扶栏结构(非连续)"后面的编辑按钮如图3-5-67所示,设置扶栏1、扶栏2、扶栏3、扶栏4的高度和轮廓如图3-5-67所示。

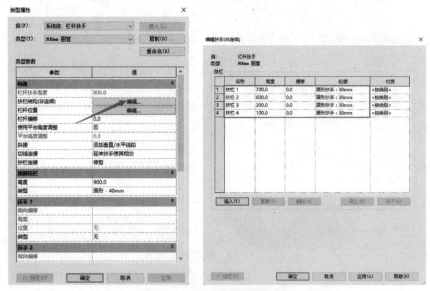

图3-5-67 编辑扶栏结构

修改扶栏后的三维视图如图3-5-68所示。

图3-5-68 楼梯

## 3.5.3 实训基地楼梯

【例3-7】 如图3-5-69所示,绘制实训基地项目一层楼梯二。

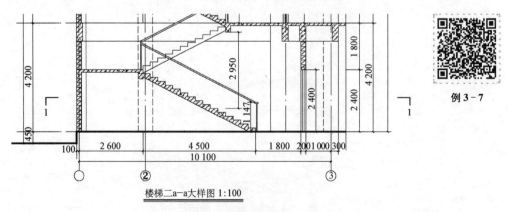

例3-7

楼梯二a-a大样图1:100

图3-5-69 实训基地楼梯二

【分析】　1. 确定楼梯踢面数、踏步深度、定位线、梯段宽度等。

2. 异形休息平台的处理

【建模步骤】

1. 打开实训基地 1F 建筑模型。项目浏览器切换至 1F 楼层平面视图,对图纸进行临时隐藏。在图示位置绘制三条参照平面,位置如图 3-5-70 所示。

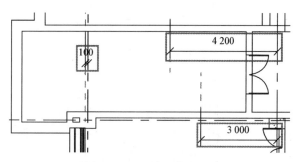

图 3-5-70　绘制参照平面

2. "建筑"选项卡下选择"楼梯(按构件)"命令,"属性"对话框中选择"整体浇筑楼梯"类型,设置"定位线"为"梯段左"、"梯段宽度"为"1 500"、"踢面数"为"28"、"踏步深度"为"300"。

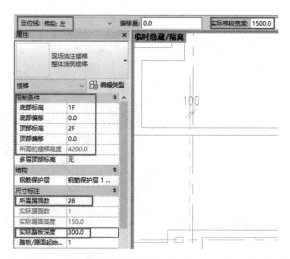

图 3-5-71　设置梯段定位线、梯段宽度、踢面数、踏步深度

然后选择梯段中的直梯在绘图区图 3-5-72 所示位置绘制楼梯。

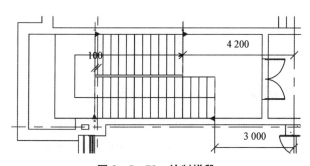

图 3-5-72　绘制梯段

删除已有的休息平台,然后选择"平台"上的"创建草图"命令如图 3－5－73 所示,按图示绘制休息平台,并设置平台的相对高度为 2 400,如图 3－5－74 所示,点击绿色√完成休息平台的创建。

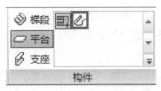

图 3－5－73　创建草图命令

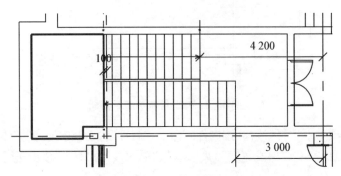

图 3－5－74　绘制休息平台

把详细程度设置为中等如图 3－5－75 所示,分别编辑梯段和休息平台,使其边界与墙体的核心层外边线对齐,最后点击绿色√完成实训基地一层楼梯二的创建,如图 3－5－76 所示。

图 3－5－75　详细程度设为中等

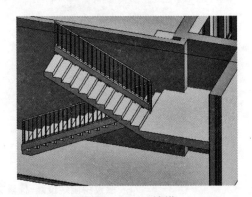

图 3－5－76　楼梯

# 3.6　幕墙

## 3.6.1　幕墙基本操作

幕墙是现代建筑设计中常见的一种墙类型。在 Revit Architecture 中幕墙按创建方法的不同,可以分为线性幕墙和幕墙系统两大类。线性幕墙的创建与编辑方法与墙类似如图 3－6－1 所示,幕墙系统是基于体量模型创建,如图 3－6－2 所示可以用来快速地创建异形曲面幕墙。

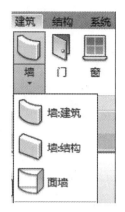

图 3 - 6 - 1　线性幕墙命令

图 3 - 6 - 2　幕墙系统命令

在 Revit Architecture 中,幕墙是由"幕墙嵌板"、"幕墙网格"、"幕墙竖梃"三部分组成。如图 3 - 6 - 3 所示幕墙嵌板是构成幕墙的基本单元,幕墙是由一块或者多块幕墙嵌板组成,幕墙网格决定了幕墙嵌板的大小、数量。幕墙竖梃为幕墙龙骨,是沿幕墙网格生成的线性构件。

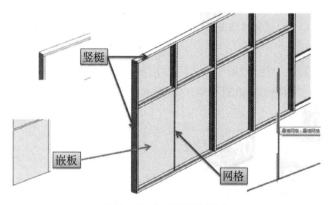

图 3 - 6 - 3　幕墙的组成

### 1. 线性幕墙的创建

线性幕墙默认有 3 种类型:幕墙、店面、外部玻璃。如图 3 - 6 - 4 所示三者的区别。

（1）幕墙的绘制

"建筑"选项卡下,选择"构建"面板上的"墙"命令,在对应"属性"对话框的类型选择器下拉列表中选择"幕墙",如图 3 - 6 - 5 所示进入"修改|放置墙"的上下文选项卡,可利用绘制面板的直线、矩形、内接多边形等绘制一面幕墙。

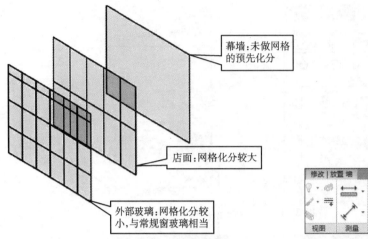

图 3-6-4　线性幕墙的种类

图 3-6-5　幕墙绘制

例如：用直线命令绘制一面 8 000×6 000 的幕墙，将属性栏中"无连接高度"设为 6 000，如图 3-6-6 所示按直线绘制一条长 8 000 的幕墙，如图 3-6-7 所示的三维模型。

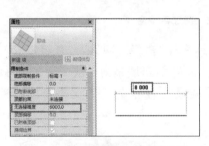

图 3-6-6　设置幕墙高度和宽度

图 3-6-7　创建幕墙

（2）幕墙网格的设置

选择幕墙，打开"属性"中的"编辑类型"对话框。可以通过类型属性中的"垂直网格"、"水平网格"给幕墙添加网格线，如图 3-6-8 所示。

图 3-6-8　幕墙类型属性对话框

垂直网格的布局方式有五种,分别是固定距离、固定数量、最大间距、最小间距、无。其中固定距离、最大间距、最小间距是通过设置参数"间距"值来控制网格线距离;固定数量是通过设置实例参数"编号"值来控制内部网格线数量;无则没有网格线,需要用"幕墙网格"命令手工分割。

图 3-6-9　垂直网格的布局方式

当垂直网格布局方式为固定距离时,可以设置间距值,如 2 000,确定完成,如图 3-6-10 所示,三维视图如图 3-6-11 所示。

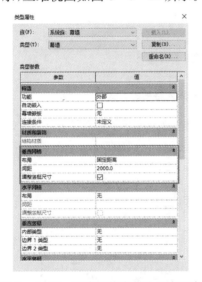

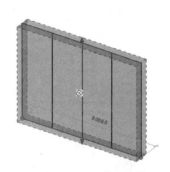

图 3-6-10　垂直网格布局为固定距离　　　图 3-6-11　创建幕墙

当垂直网格布局方式为固定数量时,间距参数不可用,此时可设置实例属性中垂直网格的编号,如 6,如图 3-6-12 所示,确定完成。三维视图如图 3-6-13 所示。

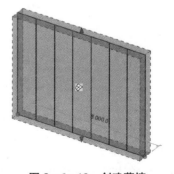

图 3-6-12　垂直网格布局固定数量　　　图 3-6-13　创建幕墙

当垂直网格布局方式为无时,可通过"建筑"选项卡下的"幕墙网格"命令来灵活的手动布置网格线,如图3-6-14所示。

图3-6-14　幕墙网格命令

进入"修改|放置幕墙网格"的上下文选项卡,手动布置网格线的方式有全部分段、一段、除拾取外的全部,如图3-6-15所示。

图3-6-15　手动布置网格线的方式

全部分段是网格线水平或垂直贯穿幕墙布置,如图3-6-16所示;一段是网格线在局部布置,如图3-6-17所示;除拾取外全部是除了鼠标拾取的局部不布置网格线,剩余水平或垂直贯穿幕墙的位置都布置网格线,如图3-6-18所示。

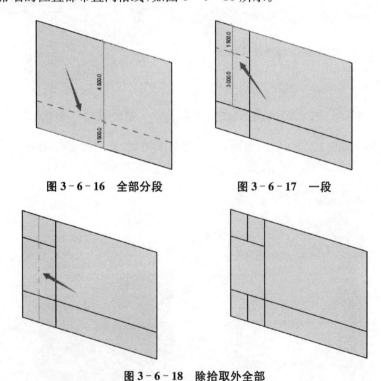

图3-6-16　全部分段　　　　图3-6-17　一段

图3-6-18　除拾取外全部

（3）幕墙竖梃的设置

选择幕墙,打开属性中的编辑类型对话框,如图3-6-19所示。可以通过类型属性中的垂直竖梃、水平竖梃给幕墙添加竖梃。

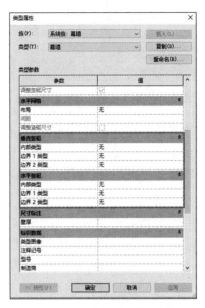

图 3-6-19  类型属性对话框

垂直竖梃有内部类型、边界 1 类型、边界 2 类型三种如图 3-6-20 所示。内部类型是设置幕墙内部的竖梃,边界 1 类型和边界 2 类型是设置幕墙左右起点边界和终点边界的竖梃。如果选择无,则没有竖梃,需要用竖梃命令来手工布置竖梃,如图 3-6-21 所示。

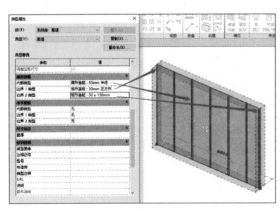

图 3-6-20  设置垂直竖梃

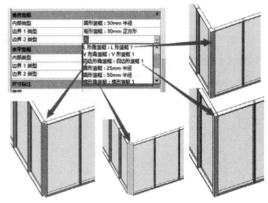

图 3-6-21  竖梃类型

当垂直竖梃选择为无时,可通过建筑选项卡下的竖梃命令来灵活的手动设置竖梃,如图 3-6-22 所示。

图 3-6-22  竖梃命令

进入"修改|放置竖梃"的上下文选项卡,手动布置竖梃的方式有网格线、单段网格线、全部网格线,如图 3-6-23 所示。

图 3 - 6 - 23　手动布置竖梃的方式

　　网格线是单击网格线时可水平或垂直贯穿整个网格线放置竖梃如图 3 - 6 - 24 所示;单段网格线是单击网格线时可在单击的网格线的各段上放置竖梃如图 3 - 6 - 25 所示;全部网格线是单击绘图区域中的任何网格线时将在所有网格线上放置竖梃,如图 3 - 6 - 26 所示。

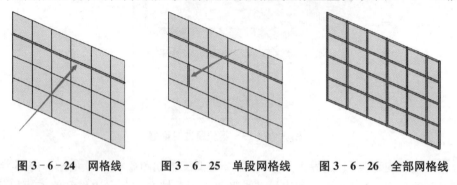

图 3 - 6 - 24　网格线　　　图 3 - 6 - 25　单段网格线　　　图 3 - 6 - 26　全部网格线

　　(4) 幕墙嵌板的设置

　　幕墙的嵌板除了默认的玻璃外,还可以替换为门、窗、实体、常规基本墙体类型或其他自定义的任意形状。

　　幕墙玻璃嵌板替换为门窗嵌板,首先需要在插入选项卡下选择载入族命令,按照建筑、幕墙、门窗嵌板的文件夹路径,载入门窗嵌板。然后,将鼠标放在要替换的幕墙嵌板边沿,使用【Tab】键切换选择至幕墙嵌板,单击选中幕墙嵌板,如图 3 - 6 - 27 所示。

　　最后在"属性"的类型选择器下拉列表中,选中门或窗嵌板直接进行替换,如图 3 - 6 - 28 所示。

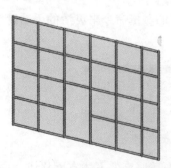

图 3 - 6 - 27　【Tab】键切换选中幕墙嵌板　　图 3 - 6 - 28　属性的类型选择器中直接替换

注:有时选中嵌板后,会发现是灰显,不能替换为合适的嵌板,这时的幕墙嵌板是锁定的,选中后,需要先解锁,然后再替换。

**2. 幕墙系统的创建**

幕墙系统主要通过选择体量图元面来创建一些异性的、复杂的幕墙。幕墙系统同样由幕墙嵌板、幕墙网格和竖梃组成。

图 3-6-29　幕墙系统命令

"建筑"选项卡下,选择"构建"面板上的"幕墙系统"命令。

进入"修改|放置面幕墙系统"的上下文选项卡,单击"体量"图元,最后单击"创建系统"命令完成创建,如图 3-6-30 所示。

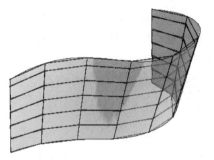

图 3-6-30　创建系统命令　　　　图 3-6-31　创建幕墙

在幕墙系统创建完成之后,可以使用与线性幕墙相同的方法添加幕墙网格和竖梃,如图 3-6-31 所示。

【例 3-8】　根据下图,创建墙体与幕墙,墙体构造与幕墙连接方式如图 3-6-32 所示,竖梃尺寸为 100 mm×50 m0m。

例 3-8

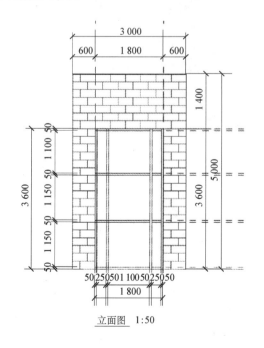

立面图　1:50

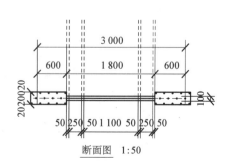

断面图　1:50

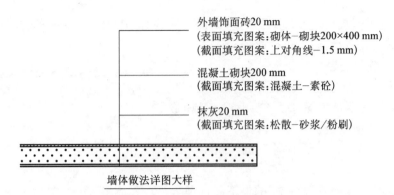

外墙饰面砖20 mm
(表面填充图案:砌体-砌块200×400 mm)
(截面填充图案:上对角线-1.5 mm)

混凝土砌块200 mm
(截面填充图案:混凝土-素砼)

抹灰20 mm
(截面填充图案:松散-砂浆/粉刷)

墙体做法详图大样

图 3 - 6 - 32　幕墙图纸样

【分析】　1. 绘制 3 000×5 000 的墙体,并 赋予如图所示材质

2. 绘制 1 800×3 600 的幕墙,并设置幕墙的网格线和竖梃

【建模步骤】

1. 新建一个建筑项目。项目浏览器切换至任一立面视图如南立面,在南立面绘制标高3,并将标高2和标高3的高度修改为 3.600 和 5.000,如图 3 - 6 - 33 所示

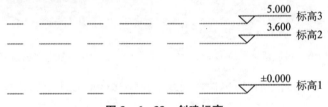

图 3 - 6 - 33　创建标高

2. 切换至标高 1 楼层平面视图,"建筑"选项卡下选择建筑墙命令,打开"基本墙""常规－200 mm"类型的"编辑类型"对话框,复制,命名为墙体,如图 3 - 6 - 34 所示。

图 3 - 6 - 34　复制、命名墙体

　　打开结构的编辑对话框,设置结构层的材质为混凝土砌块,截面填充图案为混凝土-素砼,厚度 200,如图 3-6-35 所示。

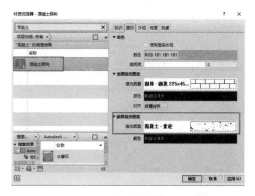

**图 3-6-35　设置结构层材质**

　　添加外面层,材质为饰面砖,表面填充图案为砌体-砌块 200×400 mm,截面填充图案为上对角线-1.5 mm,厚度 20,如图 3-6-36 所示。

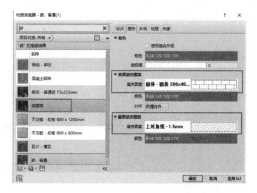

**图 3-6-36　设置外面层材质**

　　添加内面层,材质为抹灰,截面填充图案为松散-砂浆/粉刷,厚度 20,如图 3-6-37 所示。

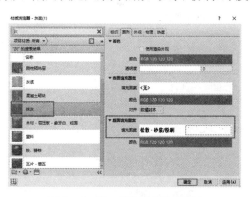

**图 3-6-37　设置内面层材质**

　　单击确定,编辑部件对话框中,可以看到墙体的功能、材质、厚度等构造信息,如图 3-6-38 所示。

图 3-6-38　设置墙体构造

在标列楼层平面绘图区绘制长 3 000 高 5 000 的墙体,如图 3-6-39 所示,三维材质显示如图 3-6-40 所示。

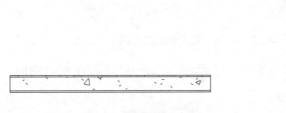

图 3-6-39　墙体截面图　　　　　　图 3-6-40　墙体三维图

3. 切换至标高 1 楼层平面视图,绘制两条如图所示距墙体边界 600 的参照平面,如图 3-6-41 所示。

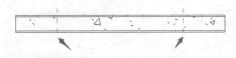

图 3-6-41　绘制参照平面

建筑选项卡下选择建筑墙命令,打开幕墙类型的编辑类型对话框,在自动嵌入后面打钩,在墙体上两条参照平面之间绘制长 1 800 高 3 600 的幕墙。如图 3-6-42 所示,三维视图效果如图 3-6-43 所示。

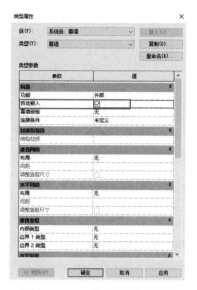

图 3‒6‒42　类型属性对话框

图 3‒6‒43　创建幕墙

　　切换至南立面视图,选择幕墙,调取临时"隐藏/隔离"中的"隔离图元"命令,如图 3‒6‒44 所示将幕墙单独隔离出来,如图 3‒6‒45 所示。

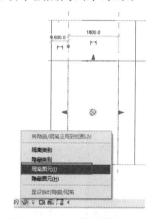

图 3‒6‒44　隔离图元命令

图 3‒6‒45　隔离幕墙

　　建筑选项卡下幕墙网格命令,在幕墙上水平和垂直方向分别放置两条网格线,然后通过选中网格线修改临时尺寸的方法,将所有网格线移动到幕墙准确位置,如图 3‒6‒46 所示。

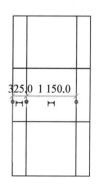

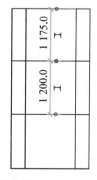

图 3‒6‒46　布置网格线

建筑选项卡下竖梃命令,打开类型属性对话框,复制,命名为 100×50 mm,修改厚度为100,单击确定,如图 3-6-47 所示。

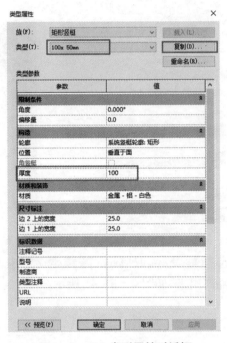

图 3-6-47　类型属性对话框

选择全部网格线的方式单击幕墙。如图 3-6-48 所示,再点击"重新隐藏或隔离"显示之前隐藏的墙体,三维视图如图 3-6-49 所示。

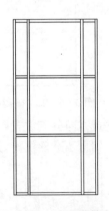

图 3-6-48　布置幕墙竖梃

图 3-6-49　墙体

### 3.6.2　实训基地幕墙

【例 3-9】　实训基地-LDMC1 如图 3-6-50 所示,请建立项目的幕墙门窗。

【分析】　1. LDMC1 由上下两部分幕墙组成

2. 门嵌板的替换

例 3-9

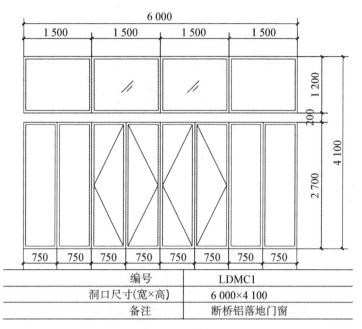

| 编号 | LDMC1 |
|---|---|
| 洞口尺寸(宽×高) | 6 000×4 100 |
| 备注 | 断桥铝落地门窗 |

图 3 - 6 - 50　实训基地- LDMC1

**【建模步骤】**

1. 打开实训基地 1F 建筑模型,"项目浏览器"切换至"1F"楼层平面视图,调取幕墙命令,实例属性设置如图 3 - 6 - 51 所示,类型属性中勾选自动嵌入,如图 3 - 6 - 52 所示。

图 3 - 6 - 51　设置实例属性

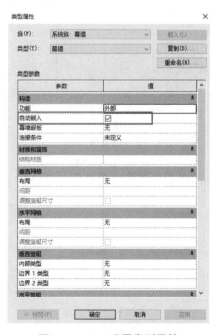

图 3 - 6 - 52　设置类型属性

导入 CAD 图纸,在绘图区 LDMC1 的位置绘制下部分幕墙,如图 3 - 6 - 53 所示。

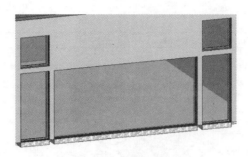

图 3 - 6 - 53  创建幕墙

2. 切换至东立面视图,选择幕墙,调取"临时隐藏/隔离"中的隔离图元命令将下部分幕墙单独隔离出来,如图 3 - 6 - 54 所示。

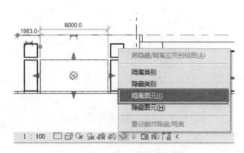

图 3 - 6 - 54  隔离幕墙

建筑选项卡下幕墙网格命令,通过捕捉中心快速准确布置网格线。如图 3 - 6 - 55 所示建筑选项卡下竖梃命令,选择全部网格线的方式单击幕墙,如图 3 - 6 - 56 所示。

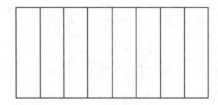

图 3 - 6 - 55  布置网格线

图 3 - 6 - 56  布置竖梃

3. 选择门嵌板位置的竖梃和网格线进行删除,如图示 3 - 5 - 57 所示。

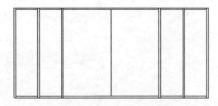

图 3 - 6 - 57  布置网格线

"插入"选项卡下选择"载入族"命令,按照建筑、幕墙、门窗嵌板的路径载入"双开门—门嵌板"。把鼠标放在幕墙上门嵌板边界位置,通过 tab 键选中门嵌板处的玻璃嵌板,如图 3 - 6 - 58 所示,在属性对话框的类型选择器中替换为双开门嵌板,如图 3 - 6 - 59 所示。

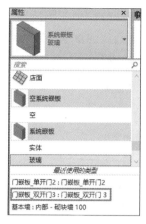

图 3-6-58　tab 键选替换门嵌板

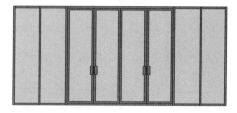

图 3-6-59　门嵌板

选择"重设临时隐藏|隔离"取消隔离图元,如图 3-6-60 所示。

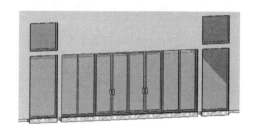

图 3-6-60　下部分幕墙

4. 切换至 1F 楼层平面视图,调取幕墙命令,实例属性设置如图 3-6-61 所示,类型属性中勾选自动嵌入,在绘图区 LDMC1 的位置绘制上部分幕墙,如图 3-6-62 所示。

图 3-6-61　设置实例属性

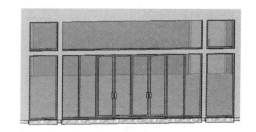

图 3-6-62　绘制上部分幕墙

5. 切换至东立面视图,选择上部分幕墙,调取"临时隐藏/隔离"中的隔离图元命令将幕墙单独隔离出来。建筑选项卡下幕墙网格命令,通过捕捉中心快速准确布置网格线。建筑选项卡下竖梃命令,选择全部网格线的方式单击幕墙,如图 3-6-63 所示。

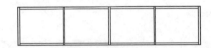

图 3-6-63　设置上部分幕墙网格线和竖梃

点击"重设临时隐藏|隔离",取消隔离图元,如图 3-6-64 所示。

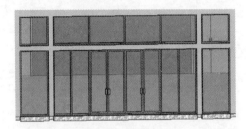

图 3-6-64　实训基地二

### 3.6.3　实训基地幕墙系统

见二维码

实训基地幕墙系统

## 3.7　楼板

### 3.7.1　楼板基本操作

选择建筑选项卡,功能区楼板下的"楼板:建筑"命令,进入"修改|创建楼层边界"的上下文选项卡。如图 3-7-1 所示,这个选项卡下可绘制边界线、坡度箭头、跨方向。边界线绘制模式下,有直线、矩形、多边形、圆、弧、椭圆等绘制方式,也有拾取线、拾取墙的快速建模方式。建模的方法与结构板一样,此处不在赘述。

图 3-7-1　楼板绘制方式

【例 3-10】　　根据下图给定的尺寸及详图大样新建楼板,顶部所在标高为 0.000,开孔处标高为 -0.02,孔直径为项目名称为 60 mm,"卫生间楼板",构造层保持不变,仅对水泥砂浆层进行放坡,并创建洞口,如图 3-7-2 所示。

【分析】　1. 依据详图,需要新建楼板结构层次,板顶标高为 0.000。

例 3-10

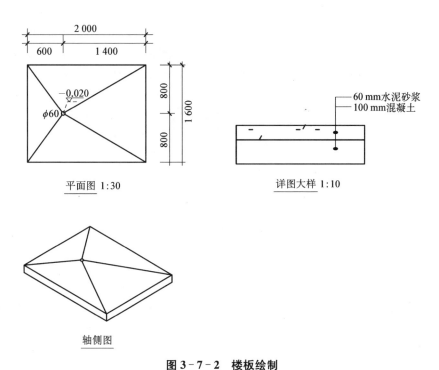

图 3-7-2　楼板绘制

2. 题目细节要求,"构造层保持不变,仅对水泥砂浆层进行放坡",建模时注意满足这个条件。

3. 洞口位置及直径。

【建模步骤】　1. 新建建筑样板,打开标高 1 平面(标高默认为 0.000);

2. 新建楼板,名称"卫生间楼板",结构编辑如下图 3-7-3 所示。

图 3-7-3　楼板厚度及材质编辑

3. 选择边界线中"直线"或者"矩形",绘制 20 00×1 600 的楼板,并按题目要求,做参照平面定位洞口位置,如下图 3-7-4 所示。

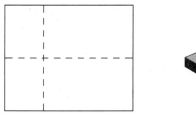
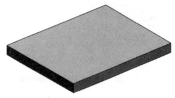

图 3-7-4　楼板绘制

4. 选中楼板,进入"修改|楼板"上下文选项卡,"形状编辑"框中选择"添加点"命令,如图 3-7-5 所示,在楼板处添加一个可以编辑的点。如图 3-7-6 所示,点击"修改子图元",将该点处标高改为−20(相对楼板上表面向下偏移 20 mm),如图 3-7-7 所示。

图 3-7-5  楼板形式编辑

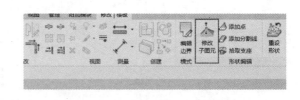

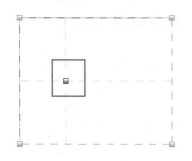

图 3-7-6  添加点

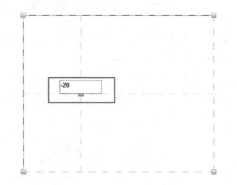

图 3-7-7  修改子图元

5. 打开三维视图及南立面,楼板在子图元处整体向下偏移−20 mm,不能满足"构造层保持不变,仅对水泥砂浆层进行放坡"的要求,如图 3-7-8 所示。

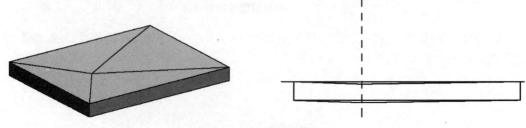

图 3-7-8  楼板整体下沉

因此,选中楼板,打开"属性"中"编辑类型",将水泥砂浆面层后的"可变"勾选,如图 3-7-9 所示。

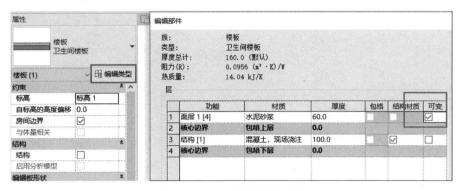

**图 3 - 7 - 9　面层修改为可变**

　　打开三维视图及南立面观察模型,如下图 3 - 7 - 10。只有水泥砂浆面层放坡,而结构层保持不变,满足题目要求。

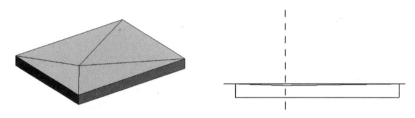

**图 3 - 7 - 10　水泥砂浆层放坡**

　　6. 楼板开洞。打开"标高 1"平面,选择"洞口"面板上的"竖井"命令,如图 3 - 7 - 11 所示,在子图元处绘制半径为 30 mm 的圆形洞口。

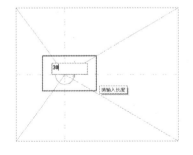

**图 3 - 7 - 11　楼板开洞**

　　7. 保存为"卫生间楼板.rvt"的项目文件。

## 3.7.2　实训基地楼板绘制

见二维码

实训基地楼板绘制

# 3.8 屋顶

## 3.8.1 屋顶基本操作

屋顶是建筑的重要组成部分。在 Revit Architecture 中提供了多种建模工具,如迹线屋顶、拉伸屋顶、面屋顶、玻璃斜窗等创建屋顶的常规工具。如图 3-8-1 所示,此外,对于一些特殊造型的屋顶,可以通过内建模型的工具来创建。

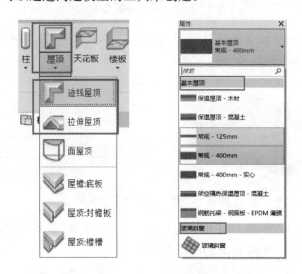

**图 3-8-1　屋顶绘制方式及类型**

屋顶与楼板都是板式构件,两者标高上有差别。楼板控制的是顶标高。而屋顶控制的是底标高,且屋顶可以放坡,如图 3-8-2 所示。

**图 3-8-2　屋顶和楼板在标高控制上的差异**

### 1. 迹线屋顶

建筑选项卡下,选择"屋顶"下拉列表中"迹线屋顶"命令,进入"修改|创建屋顶迹线"的上下文选项卡如图 3-8-3 所示,可在绘图区绘制屋顶草图的轮廓,利用边界线绘制一个默认坡度的矩形屋顶。

**图 3-8-3　屋顶绘制方式**

例如:用边界线中□ ""命令绘制一个 4 500×3 000,坡度为 30°(软件默认坡度)的坡屋顶,如图 3-8-4 所示。

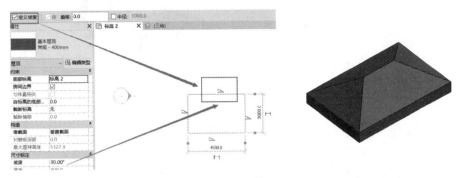

**图 3-8-4 坡屋顶绘制**

选择"迹线屋顶"命令,同样选择"□"命令,绘制前不勾选"定义坡度",则绘制的屋顶为平屋顶,如下图 3-8-5 所示。

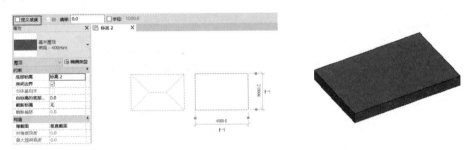

**图 3-8-5 平屋顶绘制**

选择"迹线屋顶"选项,进入绘制屋顶轮廓草图模式。用"拾取墙"或"线"、"起点—终点—半径弧"命令,并设偏移值为 500,绘制有圆弧线条的封闭轮廓线。如图 3-8-6 所示,选择轮廓线,在选项栏勾选"定义坡度"复选框,"30.00°"符号将出现在其上方,单击角度值设置屋面坡度,单击完成绘制。

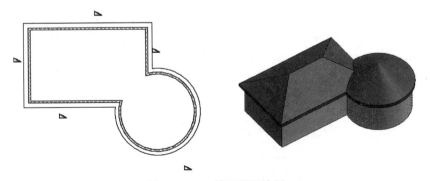

**图 3-8-6 锥形屋顶绘制**

选择"迹线屋顶",绘制一个矩形屋顶,选中两条短边,不勾选"定义坡度",则两条长边会被放坡。如下图 3-8-7 所示。

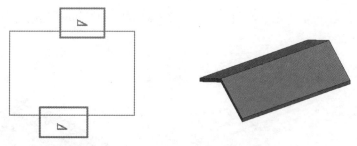

图 3－8－7　屋顶放坡

"迹线屋顶"命令下的"坡度箭头"命令,可以局部放坡。例如,新建基本屋顶常规－125 mm,在绘图区绘制 12 000×6 000 的矩形屋顶。做如下图所示参照平面,在红色圆点处进行拆分图元,将绘制好的矩形屋顶的轮廓线拆分为若干部分。选中被拆分的部分,不勾选"定义坡度"命令。选择"坡度箭头",绘制如下图 3－8－8 所示,坡度箭头。应当注意的是,箭尾至箭头的长度即是要放坡的长度。最后勾选绿色√完成屋顶编辑,三维视图如下图 3－8－8 所示。

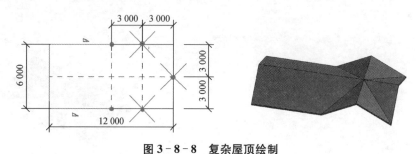

图 3－8－8　复杂屋顶绘制

【例 3－11】　　根据下图 3－8－9 所示的尺寸,创建屋顶模型并设置其材质,屋顶坡度为 30°。

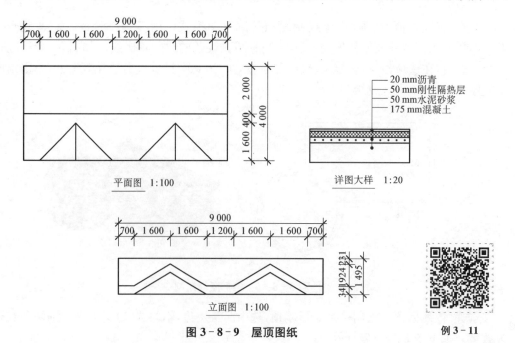

图 3－8－9　屋顶图纸

例 3－11

**【分析】**　（1）需要新建屋顶结构层次并赋予材质。

（2）绘制屋顶轮廓，并放坡

（3）局部放坡处理。

**【建模步骤】**　方法一：

（1）新建建筑样板，打开楼层平面标高 2；

（2）选择"屋顶"，"编辑类型"，复制，名称为"练习屋顶"，打开结构后的"编辑"如图 3－8－10 左图所示。首先，结构行，厚度改为 175，并设材质为混凝土。然后，鼠标放到核心边界（包络上层）这一行，插入三行，功能层从下到上设为：衬底、保温层/空气层、面层，厚度分别为 50、50、20，并赋予相应材质，如下图，构建好楼板的结构层次，如图 3－8－10 右图所示。

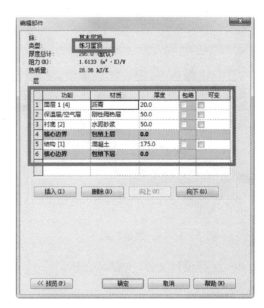

图 3－8－10　屋顶结构层次

③ 按题目要求，点击边界线中的直线命令绘制楼板轮廓，如下图 3－8－11 所示。局部起坡处绘制坡度箭头如下图 3－8－12 所示。点击绿色√完成编辑后，打开三维视图查看建模情况如下图 3－8－13 所示。

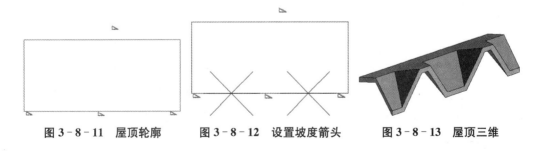

图 3－8－11　屋顶轮廓　　　图 3－8－12　设置坡度箭头　　　图 3－8－13　屋顶三维

④ 打开楼层平面标高 2，双击屋顶轮廓，进入"修改｜编辑迹线"上下文选项卡，点击坡度箭头，此时默认箭头比箭尾高出 3 000 mm，不符合要求。根据立面图，可修改四个坡度箭头的箭头比箭尾高出 924，如图 3－8－14 所示。

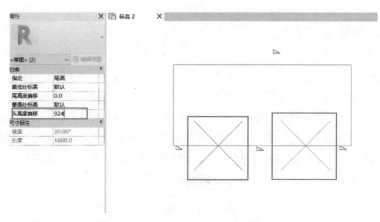

图 3‑8‑14  坡度箭头属性调整

⑤ 点击绿色√,完成屋顶编辑,三维视图如下图 3‑8‑15 所示。打开南立面,标注尺寸,检查绘制是否准确,如下图 3‑8‑16 所示。

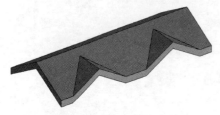

图 3‑8‑15  屋顶三维

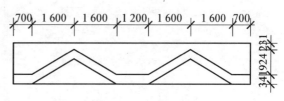

图 3‑8‑16  模型南立面

⑥ 保存项目文件,文件名自定。

方法二:

① 重复方法一的 1、2 步;

② 建立如下屋面轮廓,并在相应部位勾选定义坡度如图 3‑8‑17 所示,三维视图如下图 3‑8‑18 所示。

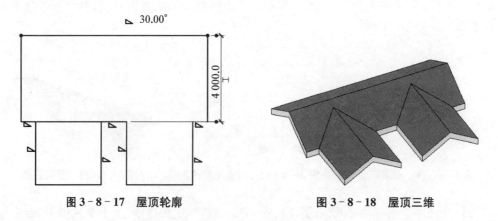

图 3‑8‑17  屋顶轮廓

图 3‑8‑18  屋顶三维

③ 将多余的屋顶利用竖井命令剪掉,竖井如下图,三维视图如下图 3‑8‑19 所示。

④ 保存项目文件,文件名自定。

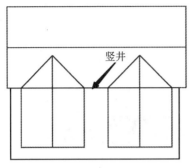 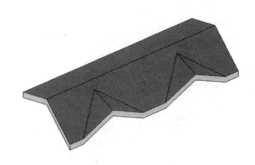

图 3 - 8 - 19　竖井轮廓

【例 3 - 12】　根据下图 3 - 8 - 20 所示,给定数据创建屋顶,i 表示坡度,文件名保存为"锥形屋顶.rvt"。

例 3 - 12

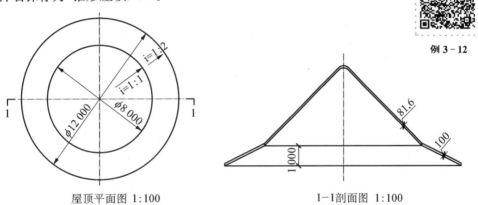

屋顶平面图 1:100　　　　1-1剖面图　1:100

图 3 - 8 - 20　锥形屋顶图纸

【分析】　(1) 屋顶有两部分组成,下半部分为环形屋顶,上半部分为锥形屋顶。

(2) 修改屋顶坡度。

【建模步骤】　(1) 新建建筑样板,打开楼层平面标高 2,做两个垂直的参照平面(确定圆心);

(2) 新建 100 mm 厚楼板,并绘制大圆半径为 6 000,小圆半径为 4 000 的环形屋顶,如下图 3 - 8 - 21 所示。选中大圆,修改左侧属性栏坡度"＝1/2",软件计算出来为 26.57°。如图3 - 8 - 22 所示打开南立面,选中环形屋顶,属性栏"椽界面"改为"垂直双截面",如图 3 - 8 - 23 所示。

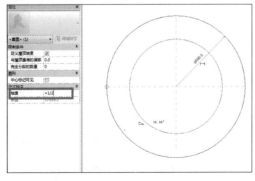 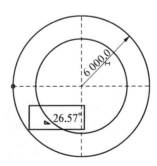

图 3 - 8 - 21　锥形屋顶下部轮廓　　　图 3 - 8 - 22　修改下部坡度

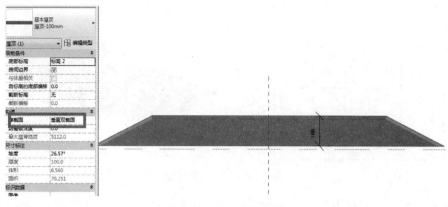

图 3-8-23 修改属性

③ 新建 81.6 mm 厚楼板,并绘制半径为 4 000 的圆形屋顶。选中该圆形屋顶,属性坡度改为"=1/1",左键空白处确定,软件算出来该屋顶坡度为 45°,如图 3-8-24 所示。

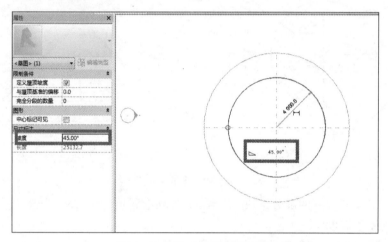

图 3-8-24 上部轮廓及坡度

检查三维视图如下图 3-8-25 所示,锥形屋顶并没有在相应的标高上,打开南立面,选择对齐(AL)命令,将锥形的底对齐到环形屋顶的顶边,如下图 3-8-26 所示。

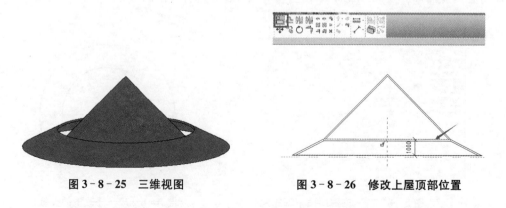

图 3-8-25 三维视图      图 3-8-26 修改上屋顶部位置

(1) 三维视图如下图 3-8-27 所示,保存文件为"锥形屋顶.rvt"。

**图 3 - 8 - 27　锥心屋顶三维视图**

【例 3 - 13】　屋顶厚度为 100 mm,根据要求建立如下图 3 - 8 - 28 所示的六边形屋顶。0 点处高度为 6 000,1～6 点处高度为 4 000。

例 3 - 13

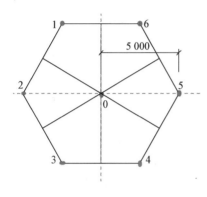

**图 3 - 8 - 28　六边形屋顶**

【分析】　屋顶坡度不是由放坡决定的,可以利用添加子图元命令,修改某些点的相对标高。

【建模步骤】　(1)新建建筑样板,打开楼层平面标高 2,做两个垂直的参照平面。

(2)选择"迹线屋顶",复制为"屋顶-100 mm",不勾选"定义坡度",选择内接多边形,绘制半径为 5 000 的平屋顶,如图 3 - 8 - 29 所示。

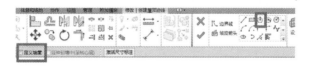

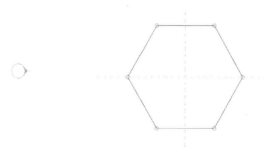

**图 3 - 8 - 29　屋顶轮廓**

(3)打开楼层平面标高 2,选中已经建好的楼板模型,选择"添加分割线",从每边的中点向对边中点添加分割线,如下图 3 - 8 - 30 所示。

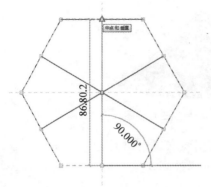

图 3-8-30　添加分割线、修改子图元　　　　图 3-8-31　屋顶三维

④ 选择"修改子图元",在中心处将改点的相对标高改为 6 000,1~6 点的标高改为 4 000。完成屋顶创建,三维视图如图 3-8-31 所示。

（2）拉伸屋顶

① 框架立面

创建拉伸屋顶时经常需要创建一个框架立面,以便于绘制屋顶的截面线。选择"视图"选项卡,在"创建"面板的"立面"下拉列表中选择"框架立面"选项,点选轴网或命名的参照平面,放置立面符号如图 3-8-32 所示。项目浏览器中自动生成一个"立面 1-a"视图,如图 3-8-33 所示。

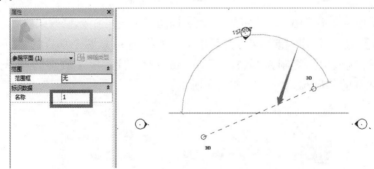

图 3-8-32　框架立面绘制

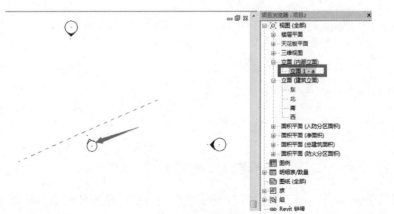

拉伸屋顶例题

图 3-8-33　放置立面符号生成立面

② 拉伸屋顶创建

选择拉伸屋顶,单击选项栏中的"编辑轮廓"按钮,转到视图对话框中选择"立面,立面1-a"如图 3-8-34 所示。编辑屋顶轮廓如图 3-8-35 所示修改屋顶草图,完成屋顶,如图3-8-36 所示。

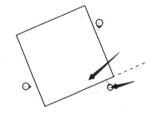

图 3-8-34　选择立面 1-a　　图 3-8-35　拉伸屋顶轮廓　　图 3-8-36　拉伸屋顶平面显示

生成拉伸屋顶的三维视图如右图 3-8-37 所示。

属性修改:修改所选屋顶的标高、拉伸起点、终点、橡截面等实例参数;编辑类型属性可以设置屋顶的构造(结构、材质、厚度)、图形(粗略比例填充样式)等。

图 3-8-37　拉伸屋顶三维显示

(3) 玻璃斜窗

单击"建筑"选项卡下的"屋顶"选项,在左侧属性栏中选择类型选择器下拉列表中选择"玻璃斜窗"选项,如图 3-8-38 所示,绘制如图 3-8-39 所示的屋顶。

单击"建筑"选项卡中"构建"面板下的"幕墙网格"按钮分割玻璃,用"竖梃"命令添加竖梃。

图 3-8-38　玻璃斜窗

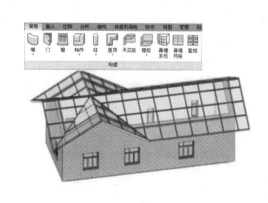

图 3-8-39　玻璃屋顶

### 3.8.2　实训基地屋顶

见二维码

实训基地屋顶

# 3.9 零星构件

建筑模型中的零星构件一般包括台阶、坡道、散水、外墙饰条,杆栏等,Revit 软件中,这些零星构件均可以采用"饰条"工具绘制,饰条的种类包括墙饰条、墙分隔缝、楼板边、屋顶檐沟、屋顶封檐带,如图 3-9-1 所示,这些饰条的绘制遵循相同的原理,也就是以一定的轮廓沿主体进行放样,如图 3-9-2 所示。本节主要讲解实训基地项目中台阶、坡道及散水的布置方法。

图 3-9-1 饰条种类

图 3-9-2 饰条的放样轮廓

## 3.9.1 台阶

由实训基地项目图纸可知,本建筑的室内外高差为 450 mm,从一层平面图上得知,共有 5 个出入口门处做了室外台阶,每个台阶均包含 3 个踏步,每个踏步宽是 300 mm,高是 150 mm,以其中一个为例介绍室外台阶的绘制方法。

室外台阶的绘制步骤如下:

### 1. 绘制室外平台板

打开"建筑选项卡",在"楼板"下拉菜单中选择"楼板:建筑",如图 3-9-3 所示。在类型选择器中选择合适的类型进行复制新的平台板类型。例如,在此选择"常规—150 mm",点击"编辑类型"进入类型属性编辑对话框,点击"复制",重命名为"室外平台板",将功能改为"外部",点击结构参数后"编辑"按钮,由于图纸中未明确台阶的具体做法,所以暂时按图 3-9-4 所示的构造层次进行编辑。类型属性编辑完成后进入室外平台板的绘制。

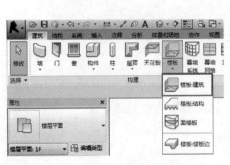

图 3-9-3 建筑楼板工具

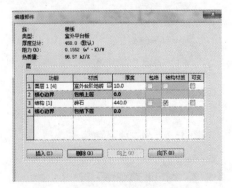

图 3-9-4 建筑楼板的构造层次

类型属性编辑完成后，便可进入绘制，采用"直线"的命令绘制平台板的边界线，需要注意的是需要将属于最后一个踏步的 300 宽踏面留出来，为使绘制更加简便，偏移量可输入－300，绘制完后的轮廓线如图 3-9-5 所示，点击"完成编辑模式"（绿色√），完成平台板的绘制。

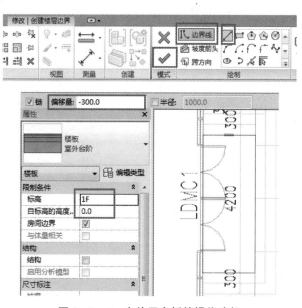

**图 3-9-5　室外平台板的操作路径**

#### 2. 创建室外台阶的轮廓

台阶是用赋予适合轮廓的"楼板边"来绘制的，Revit 软件中并没有适合该项目的台阶轮廓。需要所以需要事先创建一个台阶轮廓，载入进来，待使用。

基于"公制轮廓"族样板新建台阶轮廓，进入族编辑页面，利用"直线"命令绘制出台阶的截面形状即可，如图 3-9-6 所示，绘制时注意台阶每个踏步宽 300 mm，高 150 mm。轮廓绘制完成后保存为"台阶轮廓"，点击"载入到项目"就可以将台阶轮廓载入到我们的建筑模型项目中。

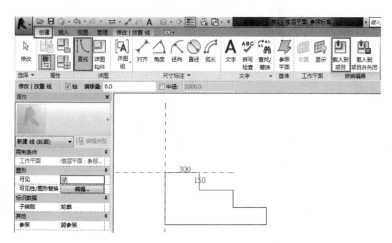

**图 3-9-6　新建台阶轮廓并载入到项目的操作路径**

### 3. 绘制室外台阶

点击"建筑"选项卡,在"构建"面板中的"楼板"下拉菜单中选择"楼板边",如图 3-9-7 所示。类型选择器中选择"楼板边缘",点击"编辑类型",点击"复制",重命名为"室外台阶",轮廓选择库选择已经载入到项目里的"室外台阶轮廓",如图 3-9-8 所示,此时需要注意的是,若事先没有载入,此时是没法找到适合的轮廓的。

室外台阶绘制

图 3-9-7 楼板边缘工具

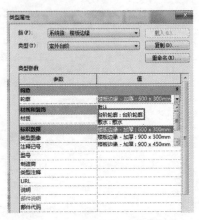

图 3-9-8 更改楼板边缘的轮廓

编辑好楼板边缘的类型属性(尤其是更改好轮廓)后,点击存在台阶的三个楼板边缘即可。绘制完成台阶的三维显示如图 3-9-9 所示。

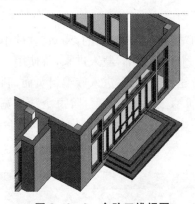

图 3-9-9 台阶三维视图

## 3.9.2 坡道

坡道的绘制方法有多种,比如可以按照"楼板"绘制,然后修改楼板"子图元",而形成带有坡度的坡道,也可以"楼梯坡道"面板中的"坡道"功能进行坡道的布置。下面介绍利用这两种方法布置本项目中有室内和室外坡道。

### 1. 通过"楼板:建筑"工具绘制坡道

**举例1:室内坡道**

由项目一层平面图可知,靠近 H 轴有一个室内坡道,由标高-0.300 开始过渡到±0.000,如图 3-9-10 所示。

室内坡道绘制

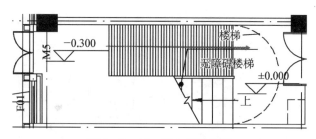

图 3-9-10　室内坡道图纸

　　该坡道可以用"楼板"的命令绘制。跟绘制楼板的操作一样,此处选择编辑好类型属性的"室内坡道"进行绘制楼板,至于该类型属性的编辑,可以按照地面的做法即可,如图 3-9-11所示。

编辑部件

| 族: | 楼板 |
| 类型: | 室内坡道 |
| 厚度总计: | 390.0 (默认) |
| 阻力 (R): | 0.0953 (m²·K)/W |
| 热质量: | 32.03 kJ/K |

层

|  | 功能 | 材质 | 厚度 | 包络 | 结构材质 | 可变 |
|---|---|---|---|---|---|---|
| 1 | 面层 1 [4] | 防滑细面地 | 10.0 | | | |
| 2 | 涂膜层 | 素水泥面 | 0.0 | | | |
| 3 | 衬底 [2] | 1:2干硬性水 | 20.0 | | | |
| 4 | 涂膜层 | 素水泥浆 | 0.0 | | | |
| 5 | 衬底 [2] | C15细石混 | 60.0 | | | |
| 6 | 衬底 [2] | 碎石 | 100.0 | | | |
| 7 | 核心边界 | 包络上层 | 0.0 | | | |
| 8 | 结构 [1] | 土壤 - 自然 | 200.0 | | ✓ | |
| 9 | 核心边界 | 包络下层 | 0.0 | | | |

| 插入 (I) | 删除 (D) | 向上 (U) | 向下 (O) |

图 3-9-11　室内坡道的类型属性编辑

　　此时绘制的楼板并不带有坡度,所以需进行进一步编辑。选中所绘制的楼板,点击"修改子图元",点击下图中圈起来的两个角,偏移量由 0 改为-300,如图 3-9-12所示。通过偏移量的修改,使得该楼板有了坡度。绘制完成的室内坡道如图 3-9-13所示。

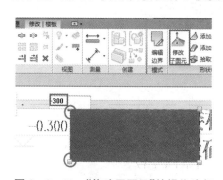

图 3-9-12　"修改子图元"的操作路径

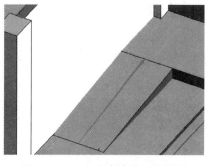

图 3-9-13　室内坡道三维视图

室外坡道绘制

**举例 2:室外坡道其一**

　　由一层建筑平面图可知,依然是 H 轴附近,建筑出入口的外侧就有一个室外坡道,该坡道从−0.450 标高处过渡到−0.300 标高,也就是总高度为 150 mm,如图 3 − 9 − 14 所示。

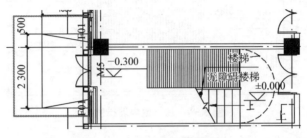

图 3 − 9 − 14 室外坡道图纸

此处依然采用"楼板"的命令来绘制,选择楼板类型"常规−150 mm",利用"矩形"命令绘制即可。此时需注意,为了使该坡道与室内地面对接,所以需向下偏移−300 mm,如图 3 − 9 − 15 所示。

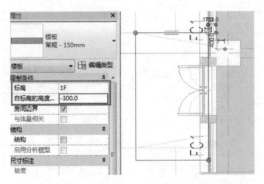

图 3 − 9 − 15 室外坡道的绘制路径

楼板绘制完成后,再次选中楼板,点击"添加分割线",沿着底图绘制两条分割线,如下图所示,接着点击修改子图元"按钮,将下图中圈起来的四个点的偏移量修改为−150,框起来的两个点的偏移量保持 0 不改变,如图 3 − 9 − 16 所示。

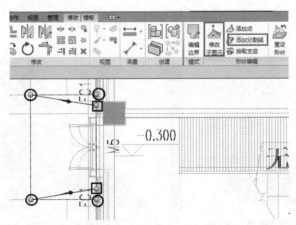

图 3 − 9 − 16 "添加分割线"及"修改子图元"的操作路径

以上步骤完成之后,三维显示如图 3 − 9 − 17 所示,从厚度看并不符合常规的坡道,这是由楼板的结构参数的属性决定的。将所用楼板类型"常规−150 mm"的编辑部件对话框中的结构层的"可变"打上对钩即可形成符合常规的坡道,如图 3-9-18 所示。

图 3-9-17　勾选"可变"之前坡道的三维视图　　图 3-9-18　勾选"可变"之后坡道的三维视图

## 2. 通过"坡道"功能绘制坡道

**举例 3:室外坡道其二**

由项目一层平面图可知,建筑的最北侧 K 轴的附近有一个与台阶相连的室外楼梯,其水平投影长为 5 400 mm,宽为 1 200 mm,由标高－0.450 开始过渡到±0.000,如图 3-9-19 所示。接下来用"楼梯坡道"面板中的"坡道"功能绘制该坡道,如图 3-9-20 所示。

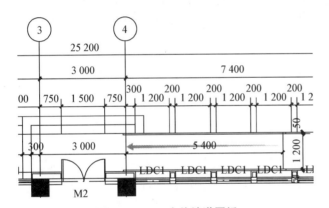

图 3-9-19　室外坡道图纸

图 3-9-20　坡道工具

选择"楼梯坡道"面板中的"坡道",进入"修改/创建坡道草图",选择"边界"工具,用"直线"命令画出下图中的 1 和 2 两条边界,再选择"踢面"工具,用"直线"命令画出下图中的 3 和 4 两条踢面。最后点击"完成编辑模式"按钮,如图 3-9-21 所示。

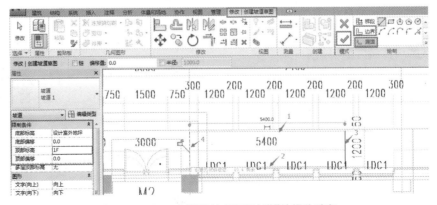

图 3-9-21　实训基地项目"坡道"的操作路径

完成以上操作后,生成的坡道三维如图3-9-22所示,明显方向不对,回到1F楼层平面,选中该坡道翻转坡道方向的控制键,点击控制键即可翻转方向,如图3-9-23所示。翻转后的坡道仍是悬空的状态,如图3-9-24所示。选中坡道,编辑坡道的类型属性,将造型由结构板改为实体即可得到符合常规的坡道,如图3-9-25所示。

图3-9-22 翻转坡道方向之前的三维视图

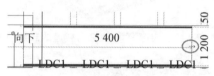

图3-9-23 翻转坡道方向的操作路径

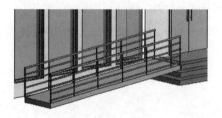

图3-9-24 翻转坡道方向之后的三维视图

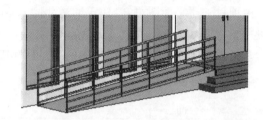

图3-9-25 改"实体"之后的坡道三维视图

对于坡道的绘制需要说明两点:

(1)生成的坡道是自带栏杆的,选中栏杆可以更改栏杆的类型,这在楼梯创建中有所讲述。

(2)加入添加边界和踢面后提示错误,无法生成坡道,很可能是类型属性里的最大斜坡长度及坡道最大坡度参数的输入不妥,根据坡道的实际情况修改即可。

### 3.9.3 散水

Revit软件中常用的散水的绘制方法有两种,一种是通过基于合适轮廓的"墙饰条"工具来绘制,这种方法最为简便,也最为常用,但是由于"墙饰条"实际上是基于墙的放样,只要墙不断开,散水便不会断开,这种情况对于台阶坡道处就不大适用了,所以如果非常强调模型的精确话,台阶坡道这些地方可以通过"楼板"工具绘制楼板,然后"修改子图元"使其形成散水的坡度。

**1.通过"墙饰条"工具绘制**

由于"墙饰条"是基于一定的轮廓沿着墙体的放样,所以首先要创建散水的轮廓,载入项目,供"墙饰条"适用。

散水轮廓的创建方步骤同前文介绍的室外台阶的轮廓,创建出如图3-9-26所示的散水轮廓。

墙饰条散水绘制

将绘制完成的轮廓保存为"散水",点击"载入到项目",在三维视图状态下,选择"墙饰条"工具,注意一定是三维视图状态下才能适用"墙饰条"工具,否则会灰显,如图3-9-27所示。复制新的墙饰条类型,命名为"散水",修改轮廓为载入进来的"散水",点击确定,如图

3-9-28 所示。接下来选择墙体就可以自动成散水,只要"墙饰条"命令不结束,连续选择墙体,墙体转弯处的散水将完美对接,如图 3-9-29 所示。利用这种方法能够很快将建筑四周的散水绘制完毕,但是也存在以下两个问题。

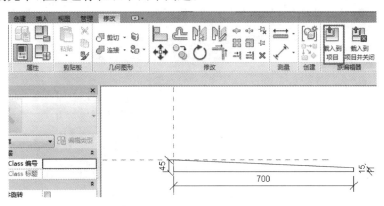

图 3-9-26　创建的散水轮廓

图 3-9-27　墙饰条工具

图 3-9-28　更改散水轮廓

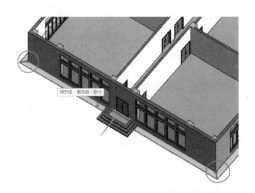

图 3-9-29　转弯处的散水完美对接而室外台阶处散水连续

首先:室外台阶处散水是连续的,如图 3-9-29 所示。这并不符合实际情况,所以如果很重视模型精度的话,像这样有室外台阶的地方,暂时不用"墙饰条"绘制,采用"楼板"的命令绘制更合适,此方法接下来会有介绍。

其次,散水会自动跟随外墙的属性,所以所绘制的散水的顶面是与外墙底面平齐的,这不符合实际情况,应该调整相对标高的偏移量为−450+45=−405(其中 45 是散水的厚度),使散水的底面是室外地坪,如图 3-9-30 所示。

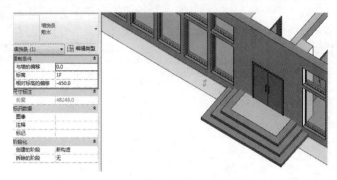

图 3-9-30　调整散水的偏移量

### 2. 通过"楼板"工具绘制

当然这种绘制方法只是适用于对模型的精度要求高,在室外台阶坡道等需要散水断开的地方。点击"楼板:建筑"工具,选择类型"常规−150 mm",在类型属性编辑对话框里复制出"台阶处散水",结构层厚度改为 45,勾选"可变"。

使用编辑好的楼板类型"台阶处散水"绘制楼板,要使散水的底面是室外地坪,偏移量输入 45,完成楼板边界限,如图 3-9-31 所示。

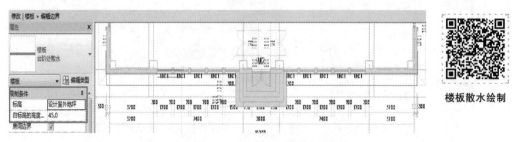

楼板散水绘制

图 3-9-31　通过"楼板"工具绘制散水的操作路径

选中所绘制楼板,点击"修改子图元",将圈起来的四个点偏移量改为−30,如图 3-9-32所示。至此,就完成了"楼板"散水的绘制。

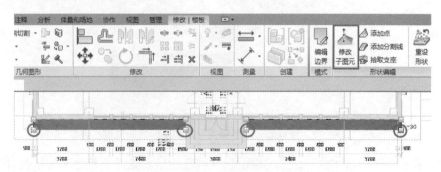

图 3-9-32　"修改子图元"的操作

　　如图 3-9-33 所示,1 和 2 是用"楼板"绘制的散水,两者在室外台阶处是断开的,这就符合了实际情况。3 是用"墙饰条"绘制的散水,可见,使用两种绘制方法绘制的散水不能自动连接。

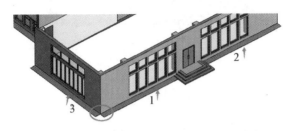

图 3-9-33   两种方法绘制的散水不能自动连接

　　连接方法:选中墙饰条散水 3,利用"修改转角"工具,将散水 3 与散水 1 进行连接,如图 3-9-34 所示。

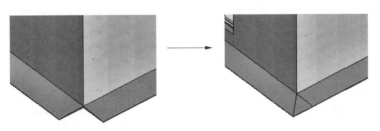

图 3-9-34   两种方法绘制的散水连前后对比

### 3.9.4   实训基地栏杆

见二维码

实训基地栏杆

模块 3 习题

# 模块4 建筑表现

## 4.1 房间与面积

卡下,"建筑"选项单击"房间"命令,可以放置房间,如图4-1-1所示。可在属性中修改房间标记类型,如图4-1-2所示,例如,选择属性中的"标记,房间-有面积-方案-黑体-4.5 mm-0.8"放置房间,如下图4-1-3所示。

图4-1-1 房间命令

图4-1-2 选择房间属性

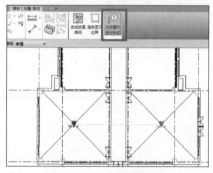

图4-1-3 绘制房间

双击"房间",可以修改房间的名称,例如,实训室69.02平方米,值班监控室23.20,器材室7.85平方米,如下图4-1-4所示。

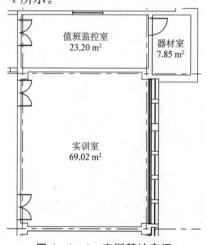

图4-1-4 实训基地房间

房间

　　实训地项目中 1F CAD 图纸上，如图 4-1-5 所示，进门的门厅有两个功能区，大厅和休息厅，这两个功能区之间没有墙作为边界，软件认为这是一个功能区，因此放置房间时就是一个房间，如图 4-1-6 所示，所以需要对房间进行分割。

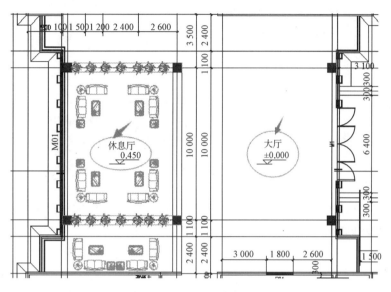

**图 4-1-5　图纸房间信息**

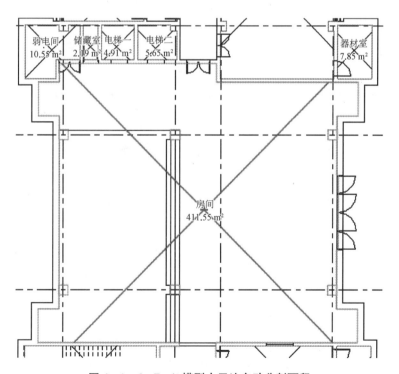

**图 4-1-6　Revit 模型中无法自动分割面积**

　　点击"房间分割"，沿着室内台阶绘制房间分割线再添加房间。如下图 4-1-7 所示。

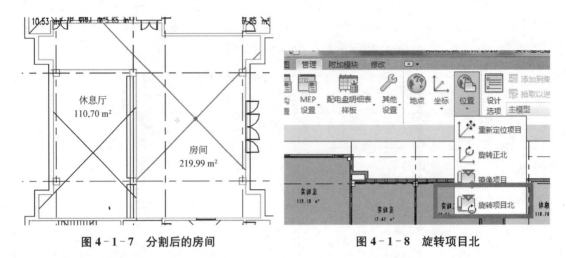

图 4-1-7 分割后的房间　　　　　　　图 4-1-8 旋转项目北

"管理"选项卡下，单击位置"旋转项目北"命令，可顺时针旋转 90°，旋转后的实训基地 1F 的房间功能如下图 4-1-9 所示。

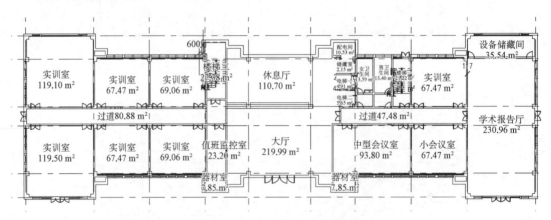

图 4-1-9 实训基地房间布置

对不同的房间用不同的颜色进行配置，可对房间配色。点击建筑选项卡下房间栏下拉框中选择"颜色方案"，如图 4-1-10 所示。

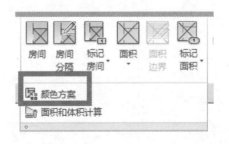

图 4-1-10 颜色方案

在"编辑颜色方案"对话框中，修改方案"类别"为"房间"，将方案 1 重命名为"实训基地颜色方案"，"颜色"修改为"名称"，点击应用，出现如图 4-1-11 所示的颜色配置方案，点击确定。

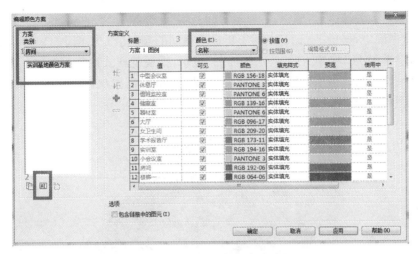

图 4‐1‐11　编辑颜色方案

"注释"选项卡下,单击"颜色填充图例",进入修改|放置颜色图例上下文选项卡,将房间的配色方案放置到模型的下方,可拉伸配色方案的图框调整形式,如下图 4‐1‐12 所示,完成房间的配色。

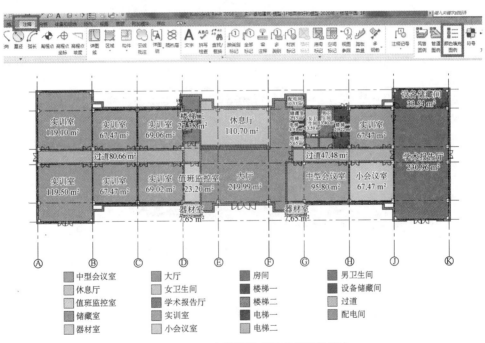

图 4‐1‐12　实训基地项目房间颜色填充

## 4.2　家具

"VV"快捷键打开楼层平面 1F 的可见性/图形替换,将"模型类别"下的

家具

"房间"前面的对钩去掉,点击确定,不显示房间。将"注释类别"下的"颜色填充图例"前面的对钩去掉,点击确定,楼层平面 1F 上将不再显示房间的颜色填充图例。

打开楼层平面 1F,将导入的"一层平面图"显示,把视觉样式调整为线框。在休息区有、会议室等区域有家具。由于建筑样板中没有载入家具族,需要从族库中载入家具族。休息厅布置如下图 4-2-1 所示。

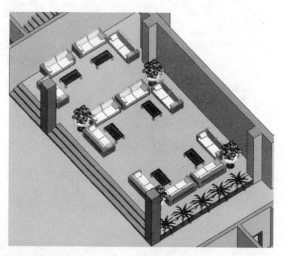

图 4-2-1 休息厅家具布置

大会议室和小会议室布置如下图 4-2-2 所示。

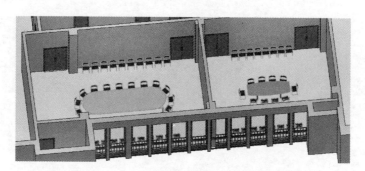

图 4-2-2 大会议室和小会议室家具布置

# 4.3 明细表

明细表命令可以统计项目中的构件的数量、面积或体积,但需要提前编辑,设定明细表的属性。

## 4.3.1 建筑构件明细表

以实训基地为例,建立一个建筑构件明细表。例如,新建实训基地项目的门明细表。打开"明细表",点击"明细表/数量",如图 4-3-1 所示。

门明细表

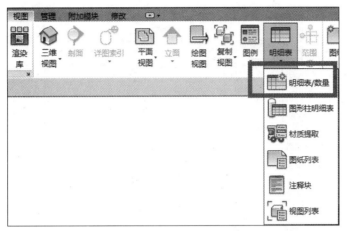

图 4-3-1　明细表/数量命令

在新建明细表的对话框中，过滤器列表选择"建筑"，"类别"选择"门"，"名称"为门明细表，选中"建筑构件明细表（B）"，如图 4-3-2 所示。

图 4-3-2　新建门明细表

在可用的字段中，选择"族"、"类型"、"宽度"、"高度"、"合计"五个字段。点击确定，生成如下图 4-3-3 所示的明细表。生成的明细表逐一列举了每个实例，如图 4-3-4 所示。

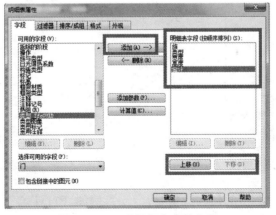

图 4-3-3　选择门名表的字段

| <门明细表> | | | | |
|---|---|---|---|---|
| A | B | C | D | E |
| 族 | 族与类型 | 宽度 | 高度 | 合计 |
| 双扇门 | 双扇门：M2 | 1500 | 2400 | 1 |
| 双扇门 | 双扇门：M2 | 1500 | 2400 | 1 |
| 双扇门 | 双扇门：M2 | 1500 | 2400 | 1 |
| 双扇门 | 双扇门：M2 | 1500 | 2400 | 1 |
| 双扇门 | 双扇门：M2 | 1500 | 2400 | 1 |
| 双扇门 | 双扇门：M2 | 1500 | 2400 | 1 |
| 双扇门 | 双扇门：M2 | 1500 | 2400 | 1 |
| 双扇门 | 双扇门：M2 | 1500 | 2400 | 1 |
| 双扇门 | 双扇门：M2 | 1500 | 2400 | 1 |
| 双扇门 | 双扇门：M2 | 1500 | 2400 | 1 |
| 双扇门 | 双扇门：M2 | 1500 | 2400 | 1 |
| 双扇门 | 双扇门：M2 | 1500 | 2400 | 1 |
| 双扇门 | 双扇门：M2 | 1500 | 2400 | 1 |
| 双扇门 | 双扇门：M2 | 1500 | 2400 | 1 |
| 双扇门 | 双扇门：M2 | 1500 | 2400 | 1 |
| 双扇门 | 双扇门：M2 | 1500 | 2400 | 1 |
| 单扇门 | 单扇门：M3 | 1000 | 2400 | 1 |
| 单扇门 | 单扇门：M3 | 1000 | 2400 | 1 |
| 双扇防火门 | 双扇防火门：F | 1500 | 2400 | 1 |
| 双扇防火门 | 双扇防火门：F | 1500 | 2400 | 1 |
| 双扇防火门 | 双扇防火门：F | 1500 | 2400 | 1 |
| 双扇防火门 | 双扇防火门：F | 1500 | 2400 | 1 |
| 双扇防火门 | 双扇防火门：F | 1500 | 2400 | 1 |
| 双扇防火门 | 双扇防火门：F | 1400 | 2400 | 1 |
| 单扇门 | 单扇门：M3 | 1000 | 2400 | 1 |
| 单扇门 | 单扇门：M4 | 900 | 2400 | 1 |
| 单扇门 | 单扇门：M4 | 900 | 2400 | 1 |

图 4-3-4　生成的门明细表

　　如图 4-3-4 所示的明细表,不能很快得到不同类型的门的数量,需要对明细表的样式重新编辑。点击"属性栏"中"字段"、"过滤器"、"排序/成组"、"格式"、"外观"任意一选项后面的"编辑"命令,打开排序/成组,将排序方式改为:类型,勾选"总计",不勾选逐项列举每个实例,点击"确定",如图 4-3-6 所示。

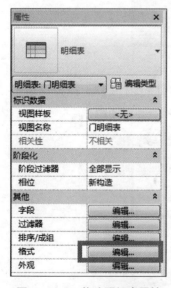

图 4-3-5　修改明细表属性

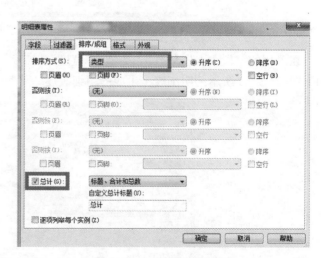

图 4-3-6　排序/成组设定

　　明细表会统计不同类型的门的数量(含门洞),例如:FHM 乙 1,宽度为 1 500,高度为 2 400,共 12 扇,其他类型如下图 4-3-7 所示。

| <门明细表> | | | | |
|---|---|---|---|---|
| A | B | C | D | E |
| 族 | 类型 | 宽度 | 高度 | 合计 |
| 门洞 | 1100 x 2400mm | 1100 | 2400 | 8 |
| 双扇防火门 | FHM乙1 | 1500 | 2400 | 12 |
| 双扇防火门 | FHM乙1-2 | 1500 | 2100 | 1 |
| 双扇防火门 | FHM甲1 | 1400 | 2400 | 1 |
| 单扇防火门 | FM丙1 | 600 | 1500 | 14 |
| 双扇门 | M2 | 1500 | 2400 | 58 |
| 单扇门 | M3 | 1000 | 2400 | 9 |
| 单扇门 | M4 | 900 | 2400 | 15 |
| 双扇门 | M5 | 1200 | 2400 | 2 |
| 门嵌板_单开 | 门嵌板_单开门 | 1125 | 2650 | 2 |
| 门嵌板_双开 | 门嵌板_双开门 | | 2650 | 5 |
| 总计: 127 | | | | |

图 4-3-7　门数量统计

如果需要计算门洞的面积,发现可用字段里没有"面积"可用。这个时候需要我们新建一个字段。打开属性栏中"字段"编辑,在明细表属性中选择"计算值"如图 4-3-8 所示,名称为"面积",类型为"面积"。公式:只能选择已有字段进行运算,选择"宽度",键盘输入" * ",再选择"高度",选择"确定",明细表如下图 4-3-9 所示。

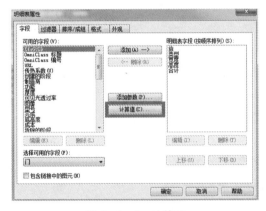

图 4-3-8　计算值

图 4-3-9　计算值的类型

将面积字段"上移"至"合计"字段的上方,如图 4-3-10 所示,计算门洞的面积如下图 4-3-11 所示。

图 4-3-10　移动计算值的位置

| <门明细表> | | | | | |
|---|---|---|---|---|---|
| A | B | C | D | E | F |
| 族 | 类型 | 宽度 | 高度 | 面积 | 合计 |
| 门洞 | 1100 x 2400mm | 1100 | 2400 | 2.64 | 8 |
| 双扇防火门 | FHM乙1 | 1500 | 2400 | 3.60 | 12 |
| 双扇防火门 | FHM乙1-2 | 1500 | 2100 | 3.15 | 1 |
| 双扇防火门 | FHM甲1 | 1400 | 2400 | 3.36 | 1 |
| 单扇防火门 | FM丙1 | 600 | 1500 | 0.90 | 14 |
| 双扇门 | M2 | 1500 | 2400 | 3.60 | 58 |
| 单扇门 | M3 | 1000 | 2400 | 2.40 | 9 |
| 单扇门 | M4 | 900 | 2400 | 2.16 | 15 |
| 双扇门 | M5 | 1200 | 2400 | 2.88 | 2 |
| 门嵌板_单开 | 门嵌板_单开门 | 1125 | 2650 | 2.98 | 2 |
| 门嵌板_双开 | 门嵌板_双开门 | | 2650 | | 5 |
| 总计: 127 | | | | | |

图 4-3-11　门明细表中面积字段

> **说明** 门嵌板_双开门宽度没有显示,是因为这个族的类型中有几种宽度不一样的类型,按总计显示的时候无法确定该按哪个类型显示。重新打开排序/成组,勾选列举全部实例,会有如下4-3-12所示门嵌板_双开门会有实例的显示。

| 门嵌板_单开 | 门嵌板_单开门 | 1125 | 2650 | 2.98 | 1 |
| 门嵌板_单开 | 门嵌板_单开门 | 1125 | 2650 | 2.98 | 1 |
| 门嵌板_双开 | 门嵌板_双开门 | 1450 | 2650 | 3.84 | 1 |
| 门嵌板_双开 | 门嵌板_双开门 | 1450 | 2650 | 3.84 | 1 |
| 门嵌板_双开 | 门嵌板_双开门 | 1450 | 2650 | 3.84 | 1 |
| 门嵌板_双开 | 门嵌板_双开门 | 1450 | 2650 | 3.84 | 1 |
| 门嵌板_双开 | 门嵌板_双开门 | 2350 | 2650 | 6.23 | 1 |

**图4-3-12 门嵌板—双开门、单开门的实例属性**

利用明细表统计所有门洞面积。打开明细表属性对话框,选择"格式"下的"面积","勾选""计算总数",然后点击"确定",如图4-3-13所示明细表显示如下图4-3-14所示,明细表就会计算出所有门洞口的面积,例如:实训基地门洞的面积为379.55平方米。

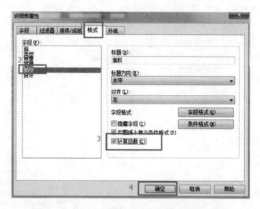

**图4-3-13 计算所有门洞面积的设置**

不同类型的门洞面积分别统计,可与图4-3-11所示比较,在"格式","面积",计算总数设置的区别之处。

| | | | | <门明细表> | |
|---|---|---|---|---|---|
| A | B | C | D | E | F |
| 族 | 类型 | 宽度 | 高度 | 面积 | 合计 |
| 门洞 | 1100 x 2400mm | 1100 | 2400 | 21.12 | 8 |
| 双扇防火门 | FHM乙1 | 1500 | 2400 | 43.20 | 12 |
| 双扇防火门 | FHM乙1-2 | 1500 | 2100 | 3.15 | 1 |
| 双扇防火门 | FHM甲1 | 1400 | 2400 | 3.36 | 1 |
| 单扇防火门 | FM丙1 | 600 | 1500 | 12.60 | 14 |
| 双扇门 | M2 | 1500 | 2400 | 208.80 | 58 |
| 单扇门 | M3 | 1000 | 2400 | 21.60 | 9 |
| 单扇门 | M4 | 900 | 2400 | 32.40 | 15 |
| 双扇门 | M5 | 1200 | 2400 | 5.76 | 2 |
| 门嵌板_单开 | 门嵌板_单开门 | 1125 | 2650 | 5.96 | 2 |
| 门嵌板_双开 | 门嵌板_双开门 | | 2650 | 21.60 | 5 |
| 总计: 127 | | | | 379.55 | |

**图4-3-14 门洞面积统计**

还可以将所有字段族、类型、宽度、高度、面积、合计的对齐改为中心线如图所示,然后点击确定,明细表的格式如下图4-3-16所示。

图 4-3-15　字段居中设置

图 4-3-16　门明细表居中显示

若要去掉字段下面的空行,则打开"明细表属性",外观不勾选"数据前的空行",如图 4-3-17 所示生成的明细表如下图 4-3-18 所示:

图 4-3-17　去掉明细表数据前的空行(K)

| <门明细表> | | | | | |
|---|---|---|---|---|---|
| A | B | C | D | E | F |
| 族 | 类型 | 宽度 | 高度 | 面积 | 合计 |
| 门洞 | 1100 x 2400mm | 1100 | 2400 | 21.12 | 8 |
| 双扇防火门 | FHM乙1 | 1500 | 2400 | 43.20 | 12 |
| 双扇防火门 | FHM乙1-2 | 1500 | 2100 | 3.15 | 1 |
| 双扇防火门 | FHM甲1 | 1400 | 2400 | 3.36 | 1 |
| 单扇防火门 | FM丙1 | 600 | 1500 | 12.60 | 14 |
| 双扇门 | M2 | 1500 | 2400 | 208.80 | 58 |
| 单扇门 | M3 | 1000 | 2400 | 21.60 | 9 |
| 单扇门 | M4 | 900 | 2400 | 32.40 | 15 |
| 双扇门 | M5 | 1200 | 2400 | 5.76 | 2 |
| 门嵌板_单开 | 门嵌板_单开门 | 1125 | 2650 | 5.96 | 2 |
| 门嵌板_双开 | | | 2650 | 21.60 | 5 |
| 总计: 127 | | | | 379.55 | |

图 4-3-18　门明细表

按照上述方式建立实训基地窗明细表,如下图 4-3-19 所示。

| <窗明细表> | | | | | |
|---|---|---|---|---|---|
| A | B | C | D | E | F |
| 族 | 类型 | 宽度 | 高度 | 面积 | 合计 |
| 百叶窗3-带贴 | BYC1 | 1200 | 3500 | 4.20 | 1 |
| 普通窗 | C1 | 1200 | 3500 | 159.60 | 38 |
| 普通窗 | C2 | 1200 | 3300 | 154.44 | 39 |
| 普通窗 | C2-2 | 900 | 2500 | 4.50 | 2 |
| 普通窗 | C3 | 1200 | 2900 | 135.72 | 39 |
| 防火窗 | FC1 | 1200 | 3500 | 12.60 | 3 |
| 防火窗 | FC2 | 1200 | 3300 | 27.72 | 7 |
| 防火窗 | FC3 | 1200 | 2900 | 10.44 | 3 |
| 防火窗 | FC4 | 1800 | 3000 | 5.40 | 1 |
| 落地窗 | LDC1 | 1200 | 4100 | 137.76 | 28 |
| 总计: 161 | | | | 652.38 | 161 |

图 4-3-19　窗明细表

窗明细表

## 4.3.2　关键字明细表

新建明细表,类别选择"窗",选中明细表关键字。名称会自动生成窗样式明细表,点击确定,如图 4-3-20 所示。

关键字明细表

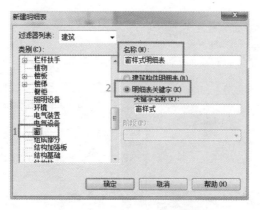

图 4‐3‐20  新建窗样式明细表

字段中添加"注释"字段，然后再"添加参数"，如下图4‐3‐21所示。

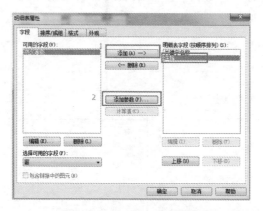

图 4‐3‐21  添加注释字段

参数名称为"窗构造选型"，参数类型改为"文字"，点击确定，如图4‐3‐22所示。

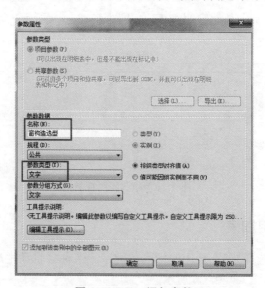

图 4‐3‐22  添加参数

关键字明细表字段如下图 4-3-23 所示,然后点击"确定"。

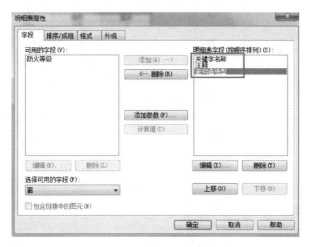

图 4-3-23 窗样式明细表字段

生成的"窗样式明细表"如下图 4-3-24 所示。点击插入数据行,插入两行,如图 4-3-25 所示,修改格式如下,如图 4-3-26 所示。

图 4-3-25 插入行

| <窗样式明细表> | | |
|---|---|---|
| A | B | C |
| 关键字名称 | 注释 | 窗构造选型 |

图 4-3-24 生成窗样式明细表

| <窗样式明细表> | | |
|---|---|---|
| A | B | C |
| 关键字名称 | 注释 | 窗构造选型 |
| 1 | | |
| 2 | | |

图 4-3-26 去掉明细表上方空行

关键字为默认的 1,2。"注释"到填入如下信息,如图 4-3-27 所示。

| <窗样式明细表> | | |
|---|---|---|
| A | B | C |
| 关键字名称 | 注释 | 窗构造选型 |
| 1 | 03J609 | 塑钢平开窗 |
| 2 | 07J604 | 塑钢推拉窗 |

图 4-3-27 窗样式明细表信息

打开楼层平面 1F,没有建立窗样式明细表的属性如图 4-3-28 所示,建立了窗样式明细表之后,窗属性栏中,多出"文字"栏下的"窗构造选型","标识数据"下的"窗样式",如图 4-3-29 所示。

图 4-3-28  添加关键字明细表前　图 4-3-29　添加关键字明细表后　　图 4-3-30　窗样式赋值

　　选中模型中的一个 C1,修改属性中窗样式后的值为 1,则窗构造选型会自动赋值为塑钢平开窗,注释赋值为 03J609,如图 4-3-30 所示。

　　项目浏览器中,明细表/数量中打开"窗明细表"。打开明细表属性对话框,添加"窗样式"、"窗构造选型"、"注释"三个字段,并通过上移或下移,改动字段的位置,如下图 4-3-31 所示。

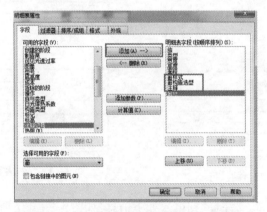

图 4-3-31　窗明细表中添加关键字字段

　　点击确定后,生成的窗明细表如下图 4-3-32 所示

| <窗明细表> | | | | | | | | |
|---|---|---|---|---|---|---|---|---|
| A | B | C | D | E | F | G | H | I |
| 族 | 类型 | 宽度 | 高度 | 面积 | 窗样式 | 窗构造选型 | 注释 | 合计 |
| 百叶窗3-带贴 | BYC1 | 1200 | 3500 | 4.20 | (无) | | | 1 |
| 普通窗 | C1 | 1200 | 3500 | 159.60 | (无) | | | 38 |
| 普通窗 | C2 | 1200 | 3300 | 154.44 | (无) | | | 39 |
| 普通窗 | C2-2 | 900 | 2500 | 4.50 | (无) | | | 2 |
| 普通窗 | C3 | 1200 | 2900 | 135.72 | (无) | | | 39 |
| 防火窗 | FC1 | 1200 | 3500 | 12.60 | (无) | | | 3 |
| 防火窗 | FC2 | 1200 | 3300 | 27.72 | (无) | | | 7 |
| 防火窗 | FC3 | 1200 | 2900 | 10.44 | (无) | | | 3 |
| 防火窗 | FC4 | 1800 | 3000 | 5.40 | (无) | | | 1 |
| 落地窗 | LDC1 | 1200 | 4100 | 137.76 | (无) | | | 28 |
| 总计: 161 | | | | 652.38 | | | | 161 |

图 4-3-32　带关键字的窗明细表

普通窗 C2 行的"窗样式"中选择"1"，C3 行的"窗样式"选择"2"，则"窗构造选型"和"注释"字段会自动根据关键字赋予相应的值，如图 4-3-33 所示。返回到 2F 平面上，选中其中一个 C2，C3 则属性栏中的窗样式、窗构造选型及注释被赋予相应的值，如图 4-3-34，4-3-35 所示。在明细表中没有选择窗样式的窗户，窗样式、窗构造选型、注释是不会自动赋值的。

<窗明细表>

| 族 | 类型 | 宽度 | 高度 | 面积 | 窗样式 | 窗构造选型 | 注释 | 合计 |
|---|---|---|---|---|---|---|---|---|
| 百叶窗3-带 | BYC1 | 1200 | 3500 | 4.20 | (无) | | | 1 |
| 普通窗 | C1 | 1200 | 3500 | 159.60 | | | | 38 |
| 普通窗 | C2 | 1200 | 3300 | 154.44 | 1 | 塑钢平开窗 | 03J609 | 39 |
| 普通窗 | C2-2 | 900 | 2500 | 4.50 | (无) | | | 2 |
| 普通窗 | C3 | 1200 | 2900 | 135.72 | 2 | 塑钢推拉窗 | 07J604 | 39 |
| 防火窗 | FC1 | 1200 | 3500 | 12.60 | (无) | | | 3 |
| 防火窗 | FC2 | 1200 | 3300 | 27.72 | (无) | | | 7 |
| 防火窗 | FC3 | 1200 | 2900 | 10.44 | (无) | | | 3 |
| 防火窗 | FC4 | 1800 | 3000 | 5.40 | (无) | | | 1 |
| 落地窗 | LDC1 | 1200 | 4100 | 137.76 | (无) | | | 28 |
| 总计: 161 | | | | 652.38 | | | | 161 |

图 4-3-33　窗样式赋值

> **说明**　C1 的"窗样式""窗构造选型""注释"没有显示，是因为在前面的例子中有一个窗户已经设置了关键字，而此时明细表表示所有的状态，有的有窗样式的赋值，有的是(无)，所以无法明确显示窗样式的类型。

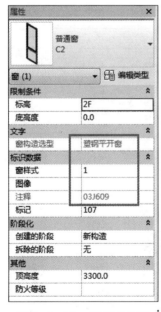

图 4-3-34　C2 属性查看

图 4-3-35　C3 属性查看

在关键字明细表中，可以对同一类型的窗户进行统一设定窗样式，可返回项目中进行属性查看。

### 4.3.3 多类别明细表

多类别明细表是建筑构件明细表的一种,它与某一构件明细表的区别在于,它可以包含项目中所有的构件类型,并统计数量。

打开明细表/数量,新建一个"多类别明细表",类别中选择<多类别>,如图4-3-36所示,添加所有构件都有的属性字段,例如"族""类型""合计"三个字段,如下图4-3-37所示。

图4-3-36 新建多类别明细表

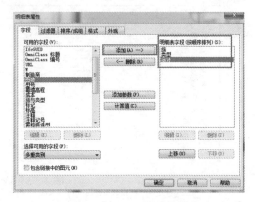

图4-3-37 添加字段

修改多类别明细表的格式,例如"排序/成组"栏下排序方式为"类型",勾选"总数"如图4-3-38所示,不勾选"数据前的空行",如图4-3-39所示,点击"确定"。生成的多类别明细表的格式如下图4-3-40所示。

图4-3-38 按类型排序及计算总数设置

图4-3-39 不显示数据前的空行

<多类别明细表>

| A | B | C |
|---|---|---|
| 族 | 类型 | 合计 |
| 矩形柱 | 634 x 634mm | 106 |
| 矩形柱 | 634 x 817mm | 8 |
| 矩形柱 | 817 x 817mm | 8 |
| 门洞 | 1100 x 2400mm | 8 |
| 百叶窗3-带贴 | BYC1 | 1 |
| 普通窗 | C1 | 38 |
| 普通窗 | C2 | 39 |
| 普通窗 | C2-2 | 1 |
| 普通窗 | C3 | 39 |
| 防火窗 | FC1 | 3 |
| 防火窗 | FC2 | 7 |
| 防火窗 | FC3 | 3 |
| 防火窗 | FC4 | 1 |
| 双扇防火门 | FHM乙1 | 12 |
| 双扇防火门 | FHM乙1-2 | 1 |
| 双扇防火门 | FHM甲1 | 1 |
| 单扇防火门 | FM丙1 | 14 |
| 落地窗 | LDC1 | 28 |
| 双扇门 | M2 | 58 |
| 单扇门 | M3 | 9 |
| 单扇门 | M4 | 15 |
| 双扇门 | M5 | 2 |
| 系统嵌板 | 玻璃 | 567 |
| 门嵌板_单开 | 门嵌板_单开门 | 2 |
| 门嵌板_双开 | 门嵌板_双开门 | 5 |
| 雨棚支撑 | 雨棚支撑 | 1 |
| 总计:978 | | |

图4-3-40 实训基地项目多类别明细表

### 4.3.4　明细表格式样式的编辑

见二维码

明细表样式

## 4.4　图纸

打开"视图"选项卡,选择"图纸"命令如图 4 - 4 - 1 所示,弹出"新建图纸"对话框。针对实训基地项目可新建"A0 公制"图纸。如图 4 - 4 - 2 所示,在项目浏览器,图纸栏下生成"J0 - 11 - 未命名"图纸,如图 4 - 4 - 3 所示。

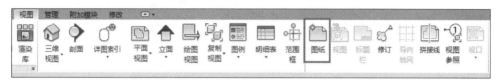

图 4 - 4 - 1　图纸命令

图 4 - 4 - 2　新建 A0 公制图纸

图 4 - 4 - 3　图纸名称

图 4 - 4 - 4　重命名图纸

选中"J0 - 11 - 未命名"右键,重命名,弹出"图纸标题"对话框,修改编号:JS - 01,名称为"一层建筑平面图",然后点击确定。如图 4 - 4 - 4 所示项目浏览器,图纸一栏下面的显示如下图 4 - 4 - 5 所示。

项目浏览器中,打开楼层平面 1F,选中 1F 右键,复制视图,"带细节复制"。如图

4-4-6所示,选中复制好的视图,右键"重命名"为"一层平面图",如图4-4-7所示。

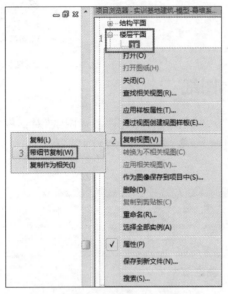

图 4-4-6　复制 1F 视图

图 4-4-5　一层平面图图纸

图 4-4-7　1F 平面图

　　打开项目浏览器,单击图纸下的"JS-01-层建筑平面图"图纸,然后选中楼层平面中"一层平面图",点击鼠标左键不松开,将"一层平面图"拖入新建的A0图纸。由于新建的图纸方向不能容纳实训基地一层平面图,所以在拖入图纸后,选中图纸,在属性区,修改"在图纸上旋转"的值为"顺时针 90°",如图4-4-8所示可以容纳图纸。选中图纸,打开"编辑类型",不勾选"显示延伸线",如图4-4-9所示"一层平面图"将图名"一层"平面图移动到图的正下方如图4-4-10所示。

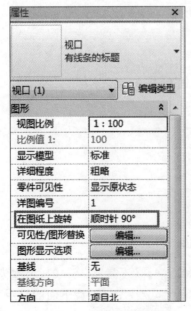

图 4-4-8　顺时针旋转图纸

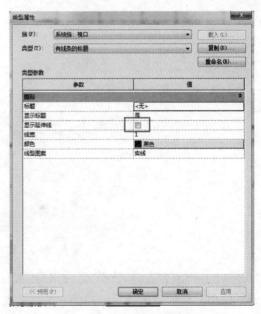

图 4-4-9　不显示延伸线

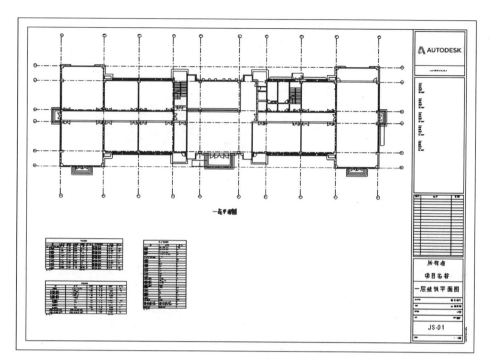

图 4-4-10　实训基地一层平面图

可按同样方法将"门明细表""窗明细表""多类别明细表"拖入图纸。

# 4.5　场地

场地

## 1. 地形

打开"体量和场地"选项卡,点击"地形表面",如图 4-5-1 所示默认"放置点",输入高程,例如:15 000,单位默认为毫米。不断地变换高程就可以绘制出相应的地面形状,例如高程为:-10 000,-5 000,0.000,5 000,10 000,15 000,绘制出的地形如下图 4-5-2 所示。

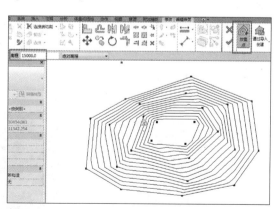

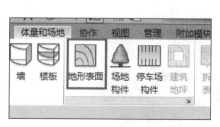

图 4-5-1　地形表面　　　　　　　　图 4-5-2　放置高程点

打开三维视图,选中做好的地形表面,材质设置为"植物",如图4-5-3所示。

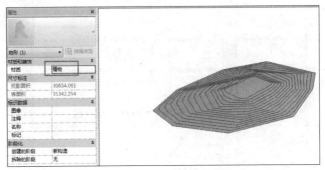

图4-5-3 地形三维视图

## 2. 子面域

建好地形表面后,激活"子面域"命令。选中"子面域",进入"修改|编辑边界"的上下文选项卡,绘制如下图4-5-4所示环形,点击绿色√完成边界的编辑。

图4-5-4 绘制子面域

选中所绘制的边界,将材质设置为"沥青"如图4-5-5所示,三维视图如下图4-5-6所示。子面域可以将地形表面上的一部分区域与其他部分区别开,分别设置材质。

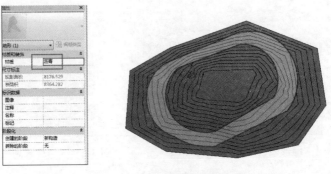

图4-5-5 设置子面域材质

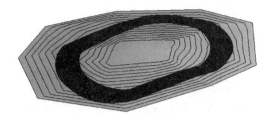

**图 4-5-6　子面域三维视图**

### 3. 建筑地坪

点击"建筑地坪",进入"修改|绘制边界"的上下文选项卡,将属性栏中"自标高的高度偏移"值为 13 000.0,单位为毫米,绘制如下图 4-5-7 所示的矩形,点击绿色√完成绘制。

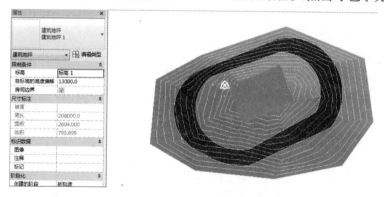

**图 4-5-7　建筑地坪轮廓**

生成的三维视图如下图 4-5-8 所示,建筑地坪可以生成一个平面,将高于平面的地形削平,将低于平面的部分补平,生成一个平面。

**图 4-5-8　建筑地坪三维**

打开实训基地项目,打开场地平面,建立实训基地的室外地坪,并布置植物,如下图 4-5-9 所示。

**图 4-5-9　实训基地项目地形布置**

# 4.6 相机

打开楼层平面 1F,选择"视图"选项卡下三维视图下的"相机"命令。如图 4-6-1 所示,在距离室外地坪 1 750 mm 的高度处放置相机,如图 4-6-2 所示软件会自动将视图转向相机视角,在浏览器的三维视图下生成一张"三维视图 1"的图片,如图 4-6-3 所示。

图 4-6-1 相机命令

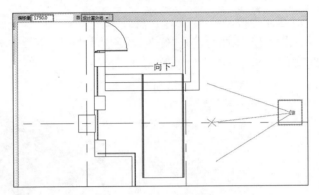

图 4-6-2 放置相机

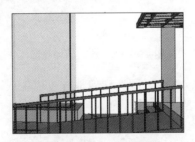

图 4-6-3 相机视图

选择"视图"选项卡下"渲染"命令,对该图片进行渲染,如图 4-6-4 所示。

图 4-6-4 渲染

渲染对话框中可以设置渲染的参数,例如可以设置渲染区域、引擎、质量、输出设置、照明、背景、图像、显示等。将"三维视图 1"进行渲染,修改质量为"中",输出设置分辨率选择"打印机",其他设置不变,点击渲染,如图 4-6-5 所示。渲染后的图片如图 4-6-7 所示。将质量设置为"最佳",其他设置不变,如图 4-6-6 所示,则渲染后的图片如图 4-6-8 所示。

图 4-6-5　中等质量渲染

图 4-6-6　最佳质量渲染

图 4-6-7　中等质量渲染图

图 4-6-8　最佳质量渲染图

质量为"最佳"时渲染的时间较长,计算机所耗的内存较大,但是效果比"中"要清晰。

将渲染后的图片导出到外部文件夹。选择"渲染"对话框下的显示"显示渲染",然后图像下的"导出",如图 4-6-9 所示,选择电脑位置保存即可。

图 4-6-9　导出渲染图片

# 4.7 漫游

打开"视图"选项卡下三维视图下"漫游"命令，激活"修改|漫游"命令，设为自"设计室外地坪"偏移量为 1750 mm 高度的视角，如图 4-7-1 所示，绘制如下图 4-1-2 所示漫游路径，点击绿色√或者两次 ESC 键完成漫游。

图 4-7-1　设置漫游相对高度

打开楼层平面 1F，选择项目浏览器下漫游下面的"漫游 1"右键"显示相机"，则可以在 1F 平面上显示绘制好的漫游路径如下图 4-7-2 所示。选中路径，点击"编辑漫游"，进入如下图 4-7-3 所示的界面，由于相机镜头不是一直都面向实训基地项目，所以可以点击"上一关键帧"，然后调整该帧处镜头的方向，如下图 4-7-4 显示的红色圆圈处进行拖拽，即可调整镜头方向调整后的镜头方向如图 4-7-5 所示。直至第一个关键帧。

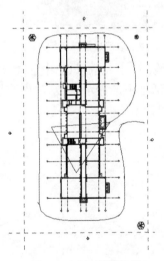

图 4-7-2　漫游路径

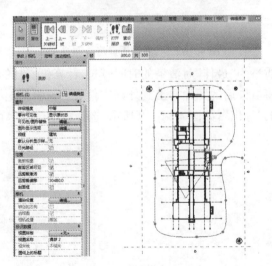

图 4-7-3　修改相机方向

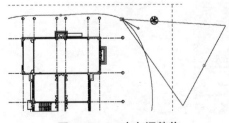

图 4-7-4　方向调整前

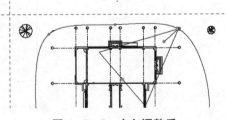

图 4-7-5　方向调整后

　　点击"打开漫游",则会转入三维视图,再点击"播放",则可以播放按路径模拟的动画,如图 4-7-6 所示。

图 4-7-6　漫游播放

部分漫游帧如下图 4-7-7 所示。

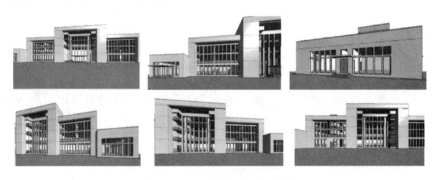

图 4-7-7　漫游三维部分视图

　　应用程序菜单栏中"导出""图像和动画"命令下的"漫游"命令如图 4-7-8 所示,弹出"长度/格式"对话框如图 4-7-9 所示,可调节视频的输出长度和格式。确定后弹出"视频压缩"对话框,压缩程序选择"Microsoft Video1",点击确定。如图 4-7-10 所示,点击确定后选择要保存的地址,可以用播放器查看导出的视频文件。

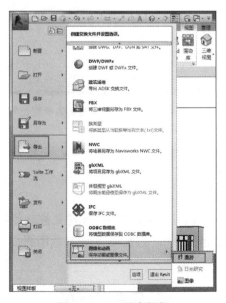

图 4-7-8　导出视频

图 4-7-9　设置长度/格式

图 4-7-10　设置视频压缩程序

# 4.8　位置

打开"管理"选项卡，单击"地点"命令，如图 4-8-1 所示，可以将项目精确定位到地球上的位置，模拟项目在该地点的阴影、日光路径等情况。

图 4-8-1　地点命令

选择"地点"命令后，弹出"位置、气候和场地"对话框，其中位置可以由两种方式放置，一种是 Internet 映射服务，将项目定位至相应的位置。如图 4-8-2 所示，第二种是默认城市列表，输入确切纬度、精度，可定位到该位置，然后点击确定如图 4-8-3 所示。例如：使用"Internet 映射服务"命令将实训基地项目定位到某省某市某区。

图 4-8-2　Internet 映射服务

图 4-8-3　默认城市列表确定位置

# 4.9　阴影

根据以上定位，即假设该实训基地位于某市，进行阴影模拟。打开视觉控制栏中的"阴影"命令，可以看到三维视图中有打开阴影命令如图 4-9-1 所示，实训基地阴影如下图 4-9-2 显示。

1 : 100　▨ 🗐 ⬚ ⬤ ⬚ ⬚ ⬚ ⬚ ⬚ ⬚ ⬚ ⬚ ⬚ ◂

图 4-9-1　阴影设置

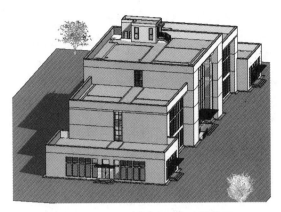

图 4-9-2　实训基地项目阴影效果

# 4.10　日光路径

打开视觉控制栏中的"打开日光路径"如图 4-10-1 所示,三维视图显示某个时点的阴影及日光情况,如下图 4-10-3 所示。

图 4-10-1　实训基地项目阴影效果

"日光设置"中,选择改用指定的项目位置、日期和时间。日光设置对话框中的显示如下图 4-10-2 所示。

图 4-10-2　日光设置

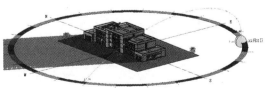

图 4-10-3　日光路径模拟

打开"日光设置"命令,弹出"日光设置"对话框,对"一天"进行日光模拟,日期设置为2020 年冬至,模拟太阳从日出到日落的光照情况,时间间隔设置为 30 分钟,点击应用,如图4-10-4 所示。

**图 4-10-4 设置 2020 年冬至日出到日落的路径**

　　打开视觉控制栏中的"日光路径",点击"日光研究预览"命令如图 4-10-5 所示,会弹出如下图 4-10-6 所示的状态栏,点击播放命令,可以观察冬至当天实训基地光照模拟。修改"日光设置"中的相关设置,也可以进行多天的日光研究。

**图 4-10-5 日光研究预览命令**　　　　**图 4-10-6 日光研究预览**

# 模块5 族与体量

## 5.1 族

以公制常规模型族样板文件为例,介绍建族常用的五个操作,拉伸、融合、旋转、放样、放样融合,如图5-1-1所示。

图5-1-1 拉伸常用命令

### 5.1.1 拉伸

拉伸:通过拉伸二维形状(轮廓)来创建三维实心形状。绘制二维形状时,可将该形状作用在起点与端点之间拉伸的三维形状的基础。例如:门窗族的创建,不再赘述。

### 5.1.2 融合

融合:用于创建实心三维形状,该形状沿其长度发生变化,从起始形状融合到最终形状。该工具可以融合2个轮廓。点击融合命令进入"修改|创建融合底部边界"上下文选项卡。例如:"编辑顶部"命令下绘制一个六边形完成后,点击"编辑底部"命令,如图5-1-3所示,绘制一个圆形,则将创建的三维模型如图5-1-4所示一个实心三维形状,将这2个草图融合在一起。

融合

图5-1-2 编辑顶部

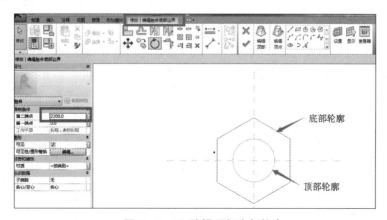

底部轮廓

顶部轮廓

图5-1-3 编辑顶部底部轮廓

图 5-1-4　圆与六边形融合三维视图

### 5.1.3　旋转

旋转:通过绕轴放样二维轮廓,可以创建三维形状。绘制轴和轮廓来创建旋转。

点击"旋转"命令进入"修改|创建旋转"上下文选项卡,选择"边界线"绘制如图 5-1-6所示的封闭轮廓,再点击"轴线"绘制一条旋转轴,最后点击对绿色√完成旋转命令,三维视图如图 5-1-6 所示。

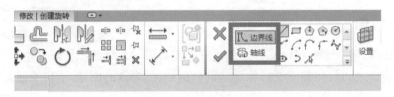

图 5-1-5　旋转命令

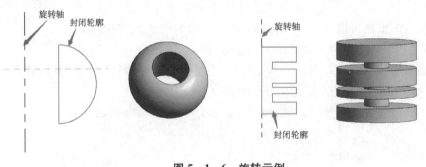

图 5-1-6　旋转示例

放样

### 5.1.4　放样

放样:通过沿路径放样二维轮廓,可以创建三维形状,绘制路径和轮廓来创建放样。

例如,点击"放样",进入"修改|放样"的上下文选项卡如图 5-1-7 所示,点击"绘制路径",进入"修改|放样:绘制路径"的上下文选项卡,选择"起点—终点—半径"弧,绘制一条弧线,点击绿色√,完成路径编辑,如下图 5-1-8 所示。

图 5-1-7　绘制路径

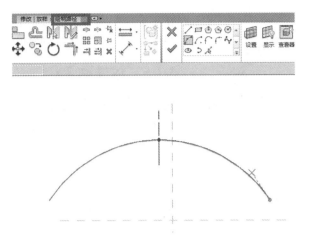

图 5－1－8　编辑顶部底部轮廓

选择"修改|放样"的上下文选项卡下的"编辑轮廓"命令，如图 5－1－9 所示，与轮廓线垂直的平面会变蓝色，即在这个平面上编辑与路径垂直的封闭轮廓。

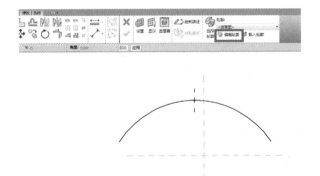

图 5－1－9　编辑顶部底部轮廓

选择"编辑轮廓"之后，会弹出"转到视图"对话框，选择"立面:右"、"立面:左"都可以，这里选择"立面:右"，如图 5－1－10 所示，即进入与路径垂直的平面的右侧平面绘制封闭轮廓。

图 5－1－10　转到视图

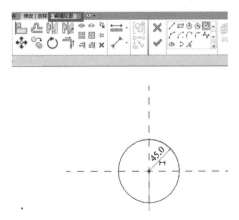

图 5－1－11　编辑封闭轮廓

图 5-1-12 放样生成的三维模型

放样融合

在平面上绘制一个圆形轮廓,如图 5-1-11 所示,点击绿色√,生成的三维模型如下图 5-1-12 所示。

### 5.1.5 放样融合

放样融合:用于创建一个融合,以便沿定义的路径进行放样。放样融合的形状由起始形状、最终形状和指定的二维路径确定。

选择"放样融合",进入"修改|放样融合:绘制路径"的上下文选项卡,用"样条曲线"绘制一条路径,如下图 5-1-13 所示。"选择轮廓 1",轮廓 1 会变蓝,再点击"编辑轮廓",如图5-1-14 所示。

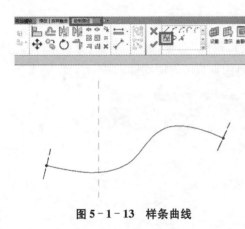

图 5-1-13 样条曲线

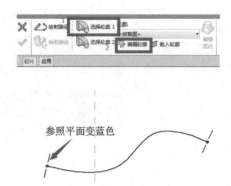

图 5-1-14 编辑轮廓 1

在第一个平面上绘制一个正六边形,如图 5-1-15 所示的轮廓 1,按照同样的步骤在另在一个平面上绘制一个圆形,如下图 5-1-16 所示的轮廓 2。

放样融合后的三维视图如图 5-1-17 所示。

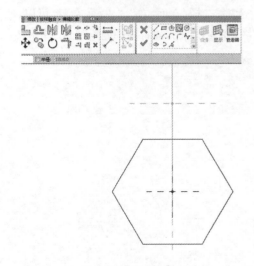

图 5-1-15 轮廓 1

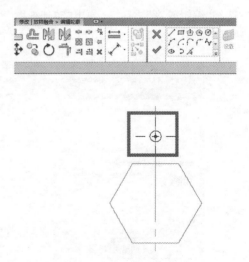

图 5-1-16 轮廓 2

图 5-1-17　放样融合后三维模型

例 5-1

【例 5-1】　　按照所给的钢结构节点详图,完成如图所示的钢结构柱脚节点的建模。钢柱厚度为 20 mm,柱底部标高是 F1＝0.00 m,顶部标高是 F2＝2.5 m,最后以"钢结构柱节点"为文件名保存。

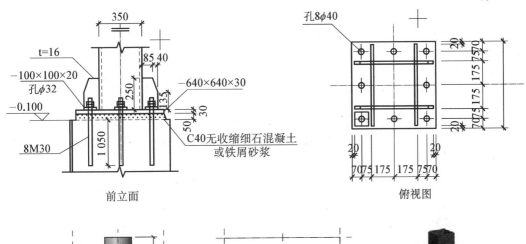

前立面　　　　　　　　　　　　　俯视图

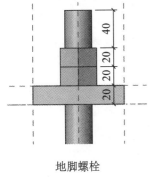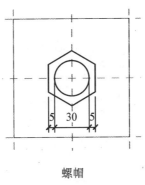

地脚螺栓　　　　　　　螺帽　　　　　　　三维图

图 5-1-18　钢节点详图

【分析】　(1) 将钢节点分解,分解为钢片、地脚螺栓、钢柱、底座、基础。

(2) 利用公制常规模型分别建立钢片、螺地脚栓的模型

(3) 公制结构柱族样板文件,建立钢结构柱及基础。

(4) 将建好的钢片模型、地脚螺栓模型载入到结构柱样板中。

(5) 定义材质。

(6) 载入项目中,建立符合题目要求的柱,并保存。

【建模步骤】　① 新建族,公制常规模型。打开前立面,依据尺寸创建拉伸,建立钢片模型。保存为"钢片",如图 5-1-19 所示。

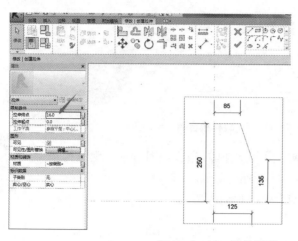

图 5 - 1 - 19　钢片模型

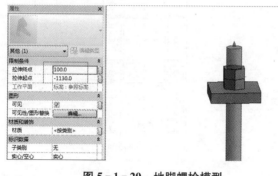

图 5 - 1 - 20　地脚螺栓模型

（2）新建族，公制场规模型。打开参照标高，创建拉伸，创建 $100 \times 100 \times 20$ 的垫片，拉伸起点为 0，拉伸终点为 20。创建拉伸，六边形半径为 20，内部开孔半径为 15，拉伸起点为 20，拉伸终点为 40。打开前立面复制螺母。创建拉伸，做一个直径为 30 的圆形轮廓，拉伸起点为 -1 130，拉伸终点为 100。建立地脚螺栓模型如下图 5 - 1 - 20 所示。

（3）新建族，公制结构柱。

① 打开低于参照标高平面，创建拉伸，矩形，将柱外边锁定到参照平面。再次点击矩形，偏移 -20，做出钢柱内边，如下图 5 - 1 - 21 所示。

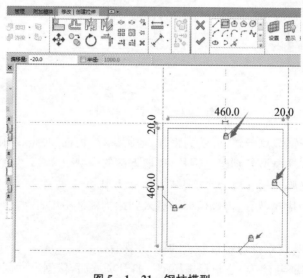

图 5 - 1 - 21　钢柱模型

打开前立面,选中所做的钢柱,将上边拉伸至"高于参照标高"平面,并锁定。利用对齐(AL)命令,将柱子下端锁定到"低于参照标高"平面,如图5-1-22所示。

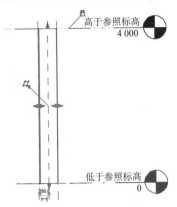

**图 5-1-22  钢柱顶部、底部约束**

② 打开"低于参照标高"平面,创建拉伸,640×640×30的底座,拉伸起点为-30,拉伸终点为0。创建融合,顶部为640×640的正方形,选择"编辑底部",矩形,绘制时在640×640正方形的基础上各边偏移20,创建680×680的底部。第一端点为-30,第二端点为-80,如图5-1-23所示。

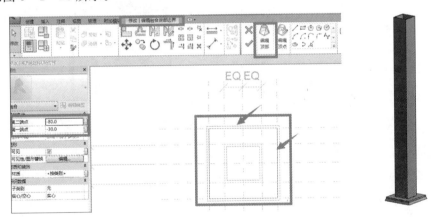

**图 5-1-23  钢柱底座及三维视图**

(4) 将建好的钢片族及地脚螺栓族载入到结构柱族中。并进行准确布置。选择构件,将钢片放到准确的位置,如下图5-1-24所示。

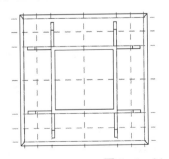

**图 5-1-24  布置钢片**

打开低于参照标高平面。创建空心拉伸,做半径为 20 的圆形截面,对钢节点底部的底座及砼垫层打孔,如图 5-1-25 所示。

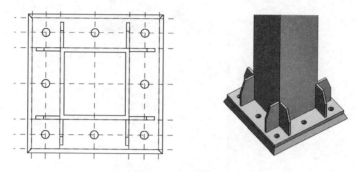

图 5-1-25　地脚螺栓处打孔

打开低于参照标高平面。点击构件,选择地脚螺栓,放置到上一步骤的开孔处,如下图 5-1-26 所示。

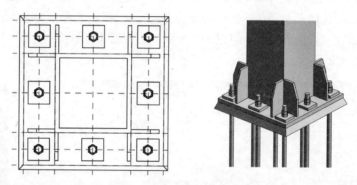

图 5-1-26　布置地脚螺栓

(5) 添加材质参数。以底座为例,选中三维视图中的底座,属性栏中选中材质后面的"关联族参数",点击"添加参数",名称为"底座材质"。如图 5-1-27,5-1-28 所示,将公制结构柱保存为"钢节点.rfa"。

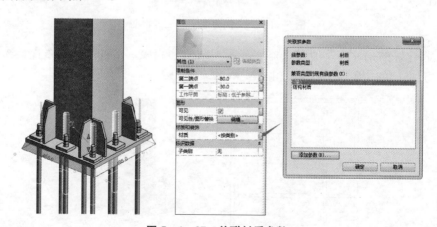

图 5-1-27　关联材质参数

打开"族类型",查看"底座材质"参数,如图 5-1-29 所示。

图 5-1-28 设置参数属性

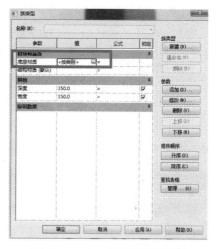

图 5-1-29 族类型查看参数

(6) 新建结构样板。打开东立面(或者西立面、南立面、北立面),修改标高 2 为 2.5 米。插入,载入"钢节点"族。按高度放置,选择标高 2。如图 5-1-30 所示打开东立面,如下图 5-1-30 所示,钢柱可进行高度方向上的调整。选中钢节点柱,编辑类型,可对材质进行定义。

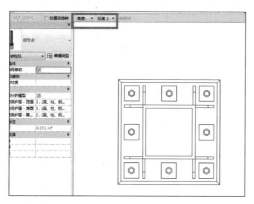

图 5-1-30 在项目中布置钢节点

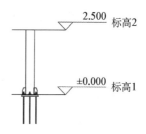

图 5-1-31 钢节点标高

# 5.2 体量

## 5.2.1 内建体量

首先,以一个简单的内建体量为例,先在项目中做标高,然后做内建体量。新建建筑样板,打开东立面,选择标高 2,阵列,"项目数"为"6","到第二个",间距为 3 600,做标高。打开视图,平面视图下的楼层平面,将标高 3 至标高 7 添加到楼层平面。

然后,打开标高 1 视图。选择"体量和场"地选项卡下的"内建体量"命

内建体量

令,如图5-2-1所示,名称为"大楼",如图5-2-2所示。

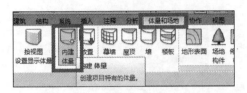 

图5-2-1 内建体量　　　　　　　　图5-2-2 体量名称

做如下图5-2-3所示的封闭轮廓,两次 ESC 退出绘制命令。选中轮廓,点击创建形状下的"实心形状",点击绿色√,完成体量创建,如图5-2-4所示。

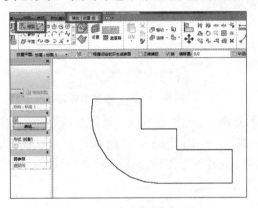 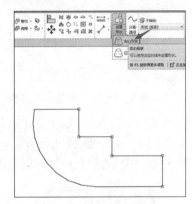

图5-2-3 绘制体量轮廓　　　　　　图5-2-4 生成实心形状

将体量向上拉伸至标高7的上方如图5-2-5所示。选中体量,选择"体量楼层"命令,在"体量楼层"对话框中,选中标高1至标高7,点击确定,如图5-2-6所示,体量三维如图5-2-7所示。

  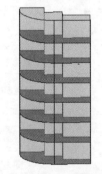

图5-2-5 拉伸体量　　　图5-2-6 选择体量楼层　　　图5-2-7 体量三维

选择"体量和场地"选项卡下的"楼板"命令,如图5-2-8所示生成体量楼板。

图5-2-8 体量楼板

点击"楼板"后，按住 Ctrl 键选择"标高 1"至"标高 7"的体量楼层，再点击"创建楼板"，如图 5－2－9 所示，生成的体量楼板三维视图如图 5－2－10 所示。

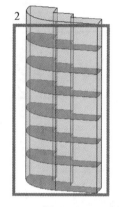

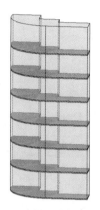

图 5－2－9　创建楼板　　　　　　　　图 5－2－10　生成体量楼板

选择"体量和场地"选项卡下的"屋顶"命令，进入"修改 | 放置面屋顶"的上下文选项卡，在属性栏中选择屋顶类型为"基本屋顶常规－125 mm"然后点击"选择多个"选中屋顶平面，如图 5－2－11 所示，最后点击创建屋顶，该体量就生成了一个屋顶，如图 5－2－12 所示。

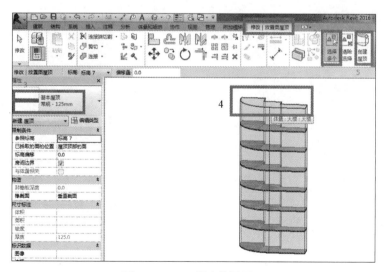

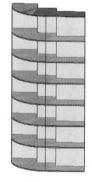

图 5－2－11　创建体量屋顶　　　　　　图 5－2－12　生成体量屋顶

选择"体量和场地"选项卡下的"墙"命令，进入"修改 | 体量墙"的上下文选项卡，在属性栏中选择墙体类型为"基本墙常规－90 mm 砖"，然后选择体量上需要生成此种墙的面，如图 5－2－13 所示生成的三维体量墙体如图 5－2－14 所示。

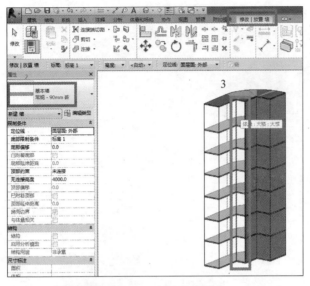

图 5-2-13　创建体量墙体

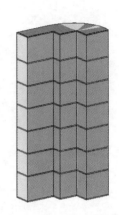

图 5-2-14　生成体量墙体

在"体量和场地"选项卡下,选择"幕墙",在属性栏中点击"编辑类型"进入"类型属性"对话框设置竖直网格,水平网格,垂直竖梃,水平竖梃的参数置,如图 5-2-15 所示,然后点选图中的两个面,生成幕墙如图 5-2-16 所示。

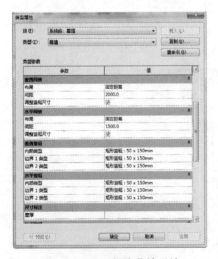

图 5-2-15　创建幕墙系统

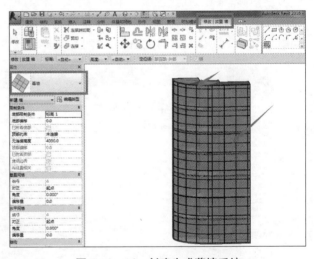

图 5-2-16　创建生成幕墙系统

## 5.2.2　公制体量

首先,新建"概念体量"。

### 1. 拉伸

点击模型线,进入"修改|放置线"的命令,选择圆形,如图 5-2-17 所示,在标高 1 上绘制一个圆形,两次 ESC 键退出绘制命令,如图 5-2-18 所示。

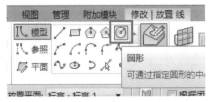
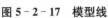
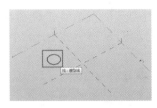

图 5-2-17  模型线          图 5-2-18  绘制圆          图 5-2-19  生成实心形状

选中圆形,点击创建形状"实心形状",如图 5-2-19 所示选择"圆柱",如图 5-2-20 所示则会以圆为界面拉伸生成圆柱,如图 5-2-21 所示。

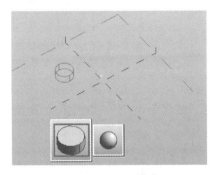
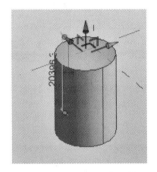

图 5-2-20  选择圆柱          图 5-2-21  生成圆柱

选择第二个球体如图 5-2-22 所示,则会生成一个球体,如图 5-2-23 所示。

图 5-2-22  选择球体          图 5-2-23  生成球体

### 2. 旋转

点击"模型"线,进入"修改|放置线"的命令如图 5-2-24 所示,绘制一个封闭图形及一条直线,如下图 5-2-25 所示。

图 5-2-24  选择直线          图 5-2-25  绘制直线和封闭图形

按住 Ctrl 键,选中封闭图形和直线,点击创建形状下的"实心形状",如图 5-2-26 所示,会生成体量的旋转模型,如图 5-2-27 所示。

图 5-2-26 选中直线和封闭图形

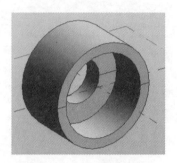

图 5-2-27 生成旋转体

### 3. 放样

例如:(1) 设置,选择如图所示的一个平面。

(2) 选择模型线中的"起点—终点—半径"弧命令,绘制一条圆弧,如图 5-2-28 所示。

(3) 选择"点图元",放置到圆弧中点处,如图 5-2-29 所示。

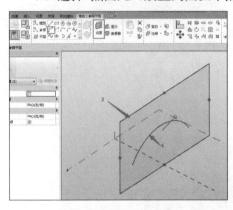

图 5-2-28 绘制路径

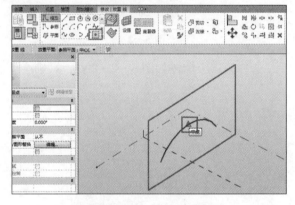

图 5-2-29 添加点图元

（4）选择"点图元",点图元处会出现一个与线平行的平面,选择"模型"中的圆形,在"点图元"平面处绘制一个圆形,如图 5-2-30 所示。

（5）按住 Ctrl 键,同时选中圆弧及圆形,点击创建形状"实心形状"命令,生成一个放样,如下图 5-2-31 所示。

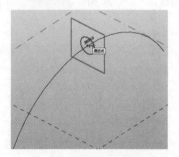

图 5-2-30 选中点图元

图 5-2-31 生成放样

4．融合

（1）打开立面，绘制两个标高，标高 2 和标高 3。

（2）打开三维视图，点击"设置"命令，选择标高 3 平面。选择模型线中的"矩形"命令，绘制一个封闭矩形。

（3）同理，在标高 2 和标高 1 上各绘制一个矩形。如图 5-2-32 所示。

（4）选择三个矩形，点击"创建形状"的"实心形状"命令，生成如下图 5-2-33 所示的形状。

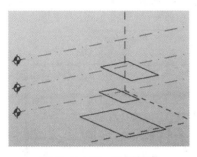

图 5-2-32　绘制轮廓

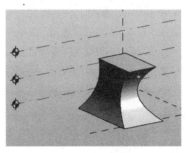

图 5-2-33　生成融合体

【例 5-2】　根据下图 5-2-34 所示给定的投影尺寸，创建形体体量模型，基础底标高为 -2.1 米，设置该模型材质为混凝土。请计算模型体积用"模型体积"，模型文件以"杯口基础"为文件名保存。

例 5-2

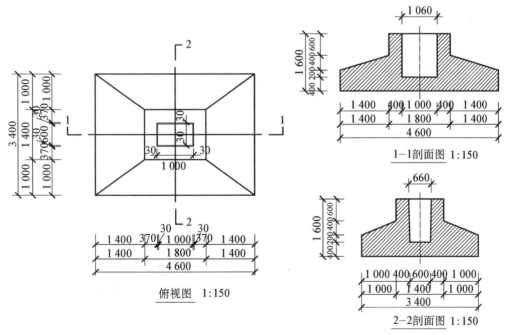

图 5-2-34　杯口基础详图

【分析】　模型建立的方法很多，介绍一种"挖"的思想建立模型，即建立一个立方体，把不需要的部分挖除。

**【建模步骤】**（1）打开 Revit，族，下面选择"新建概念体量"，选择公制体量。

（2）打开标高 1 平面，根据杯型基础底尺寸，做参照平面。选择模型命令下的矩形，做如下图 5-2-35 所示矩形轮廓，两次 ESC 退出。

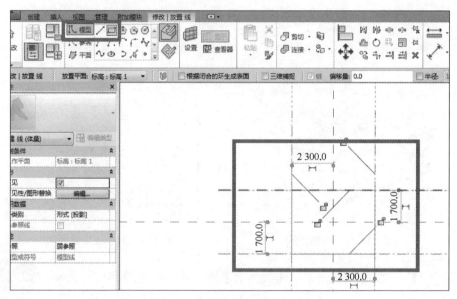

图 5-2-35　杯口基础底部矩形

再次选择轮廓，点击"创建形状"命令下的"实心形状"命令，如图 5-2-36 所示，生成的体量模型如图 5-2-37 所示。

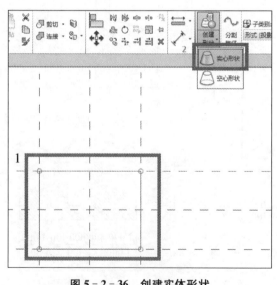

图 5-2-36　创建实体形状

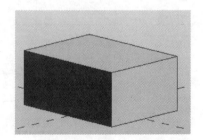

图 5-2-37　生成体量

打开东立面，以杯型基础高度做参照平面。自动生成的立方体高度大于杯型基础的高度。如图 5-2-38 所示，打开三维视图，进行调整，选中蓝色箭头，向下拖拽，拖拽至相应的参照平面，此时参照平面会变蓝色，如图 5-2-39 所示。

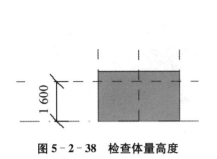

图 5-2-38   检查体量高度

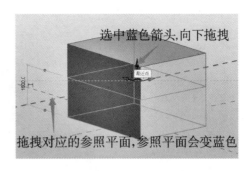

图 5-2-39   修改体量高度

（3）打开南立面，按 1-1 剖面绘制参照平面，并作如下轮廓。如图 5-2-40 所示，两次 ESC 退出当前命令。

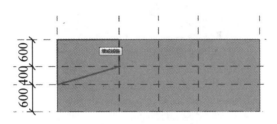

图 5-2-40   绘制需要挖出的轮廓

再次选中轮廓，"创建形状"命令下的"空心形状"，生成一个空心体量，如图 5-2-41 所示。

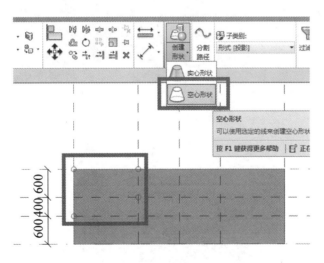

图 5-2-41   生成空心体量

打开三维视图，选中绿色的箭头拖拽至杯型基础的一边如图 5-2-42 所示。选中另一边重复（3），三维视图如下图 5-2-43 所示。

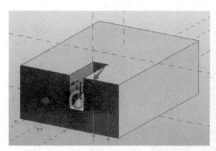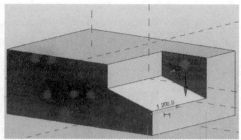

图 5 - 2 - 42　拖拽两侧空心体

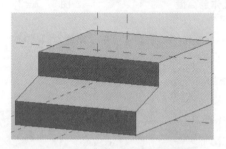

图 5 - 2 - 43　空心剪切后的体量

（4）打开西立面，重复步骤（3），如图 5 - 2 - 34 所示杯型基础的三维模型如下图 5 - 2 - 45所示。

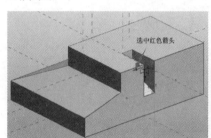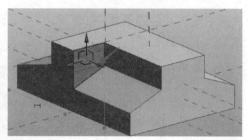

图 5 - 2 - 44　空心剪切

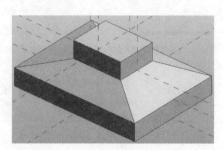

图 5 - 2 - 45　空心剪切后的体量

（5）挖除中心。打开标高 1 平面，沿中心线做"杯口基础"上下杯口尺寸的参照平面，如图 5 - 2 - 46 所示。

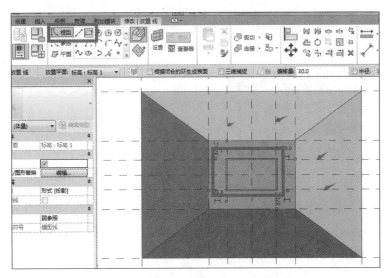

图 5-2-46 绘制上下杯口矩形

打开南立面,做距离底边 400 的参照平面,如下图 5-2-47 所示。打开三维视图,将视觉样式改为线框。选中 1 000×600 的矩形,点击"主体:拾取一个平面",拾取距离基础底 400 的平面,效果如下图 5-2-48 所示,打开东立面检查如下图 5-2-49 所示,矩形已被放置到距离基础底 400 的平面上。

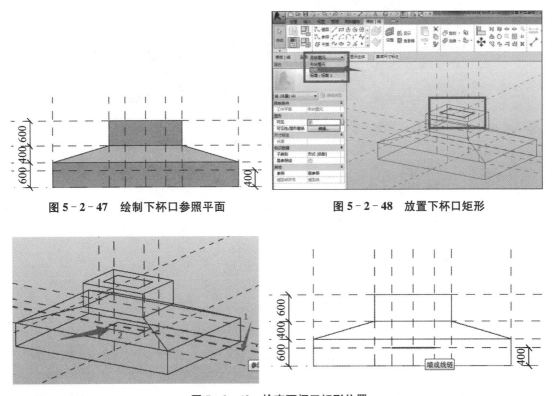

图 5-2-47 绘制下杯口参照平面      图 5-2-48 放置下杯口矩形

图 5-2-49 检查下杯口矩形位置

打开三维视图,选中 1 000×600 的矩形轮廓和 1 060×660 的轮廓(Ctrl 键多选)如图 5‐2‐50 所示,选择"创建形状"下的"空心形状"命令,如图 5‐2‐50 所示,生成的空心体如图 5‐2‐51 所示。

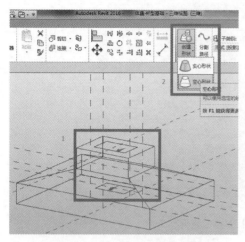
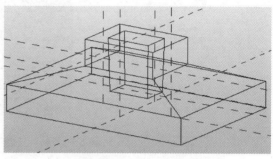

图 5‐2‐50　选中上下杯口矩形　　　　　图 5‐2‐51　生成空心剪切

VV 隐藏参照平面,将视觉样式改为"着色"模式的效果如下图 5‐2‐52 所示。

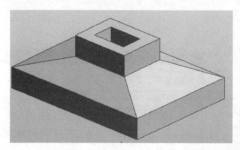
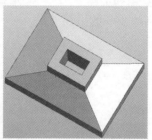

图 5‐2‐52　杯口基础三维视图

模块 5 习题

# 模块6 实训基地项目建立

见二维码

**实训基地项目建立**

# 参考文献

［1］孙仲健.BIM 技术应用——Revit 建模基础［M］.北京：清华大学出版社，2018.

［2］廖小烽，王君峰.Revit Architecture 2013/2014 建筑设计火星课堂［M］.北京：人民邮电出版社，2013.

［3］马骁.BIM 设计项目样板设置指南——基于 REVIT 软件［M］.北京：中国建筑工业出版社，2015.

［4］卫涛，李容，刘依莲.基于 BIM 的 Revit 建筑与结构设计案例实战［M］.北京：清华大学出版社，2018.

［5］益埃毕教育组.Revit 2016/2017 参数化从入门到精通［M］.北京：机械工业出版社，2017.

［6］刘云平，罗贵仁.BIM 软件之 Revit2018 基础操作教程［M］.北京：化学工业出版社，2018.

**图书在版编目(CIP)数据**

建筑工程建模技术/陈红杰,张兰兰主编. —南京：
南京大学出版社,2020.8
ISBN 978 - 7 - 305 - 23344 - 9

Ⅰ. ①建… Ⅱ. ①陈… ②张… Ⅲ. ①建筑设计—计
算机辅助设计—应用软件 Ⅳ. ①TU201.4

中国版本图书馆 CIP 数据核字(2020)第 089858 号

出版发行 南京大学出版社
社 址 南京市汉口路 22 号 邮编 210093
出 版 人 金鑫荣

书 名 建筑工程建模技术
主 编 陈红杰 张兰兰
责任编辑 朱彦霖 编辑热线 025 - 83597482
照 排 南京开卷文化传媒有限公司
印 刷 南京人民印刷厂有限责任公司
开 本 787×1092 1/16 印张 14 字数 352 千
版 次 2020 年 8 月第 1 版 2020 年 8 月第 1 次印刷
ISBN 978 - 7 - 305 - 23344 - 9
定 价 39.00 元

网 址:http://www.njupco.com
官方微博:http://weibo.com/njupco
微信服务号:njuyuexue
销售咨询热线:(025)83594756